创造发明的思路、方法及路径

涂铭旌　孟江平　著

科学出版社

北　京

内 容 简 介

在多年来的教学科研中，笔者潜心研究，结合自身科研经历，凝练出一系列创造发明的思路、方法及路径，如"一支铅笔·一张纸·一块橡皮"创造发明思维的简易训练方法、科技创新思维三角形、"少人区""无人区"科技谋略、孙子兵法与科技竞争谋略、从"点石成金"到现代点金术等，并在多年的人才培养和科学研究等方面一直践行这些创造发明的方法，取得了良好的效果。通过多年积累，现将一些创造发明的方法、思考整理成书，希望这些创造发明方法能够对广大读者起到启迪和方法论作用。

本书内容包括：创造发明的思路与方法、科技创新思维三角形、"少人区""无人区"科技谋略、孙子兵法与科技竞争谋略、从"点石成金"到现代点金术、从美学的角度看科学与艺术；运用所提出的创造发明的方法进行科技创新的案例，如中医药材的交叉学科研究和医学的多学科交叉、融合与创新；创新型人才培养与创造发明密不可分，高等教育应努力培养学生不断创新的实践能力——创造力，这也是教育服务于社会主义现代化建设的需要。因此，创新型人才培养的思路、方法及路径主要介绍创造发明的思路、方法及路径在创新人才培养方面的作用和意义。

图书在版编目(CIP)数据

创造发明的思路、方法及路径/涂铭旌，孟江平著. —北京：科学出版社，2016.10

ISBN 978-7-03-050121-9

Ⅰ. ①创… Ⅱ. ①涂… ②孟… Ⅲ. ①创造发明-研究 Ⅳ. ①G305

中国版本图书馆 CIP 数据核字（2016）第 238329 号

责任编辑：牛宇锋 / 责任校对：桂伟利
责任印制：吴兆东 / 封面设计：陈 敬

科学出版社 出版
北京东黄城根北街 16 号
邮政编码：100717
http://www.sciencep.com
北京虎诚则铭印刷科技有限公司 印刷
科学出版社发行 各地新华书店经销
*
2016 年 10 月第 一 版 开本：890×1240 1/32
2023 年 3 月第五次印刷 印张：5
字数：118 000
定价：80.00 元
（如有印装质量问题，我社负责调换）

涂铭旌，中国工程院院士，博士生导师，四川大学教授，重庆文理学院兼职教授。1928 年 11 月 15 日生，四川巴县（今重庆市九龙坡区）人，金属材料与热处理专家，国务院政府特殊津贴获得者，香港柏宁顿（中国）教育基金"孺子牛金球奖"获得者，全国高等学校先进科技工作者，四川省优秀教师。

1944 年 9 月～1947 年 7 月，在同济大学附中学习；1947 年 9 月～1951 年 7 月于同济大学机械系毕业；1953 年 1 月～1955 年 12 月于哈尔滨工业大学、北京钢铁学院金属材料系研究生毕业。

自 1951 年起，历任同济大学助教，上海交通大学助教、讲师，西安交通大学讲师、副教授、教授、博士生导师、材料系主任、金属材料及强度研究所副所长及所长等职务。1983 年 1 月，赴德国卡尔斯鲁厄材料科学研究所访问，进行科学研究一年，于 1984 年 1 月回国。1988 年 8 月调至成都科技大学，任高新技术研究院院长。1999 年，任四川大学教授，稀土及纳米材料研究所所长。

1984 年被评为国家级有突出贡献的中青年专家；1990 年由国家教育委员会和国家科学技术委员会授予全国高等学校先进科技工作者称号；1991 年被收入《二十世纪中国名人辞典》，并享受国务院特殊津贴；1995 年被选为中国工程院院士；1996 年获香港柏宁顿（中国）教育基金"孺子牛金球奖"；1998 年荣获四川省优秀教师称号；2000 年被评为四川省优秀研究生指导教师。

曾任第一届全国金属材料及热处理专业教学指导委员会主任委员，中国机械工程学会第五届常务理事，国家自然科学基金委员会第一、三、四届材料学科评议组成员，国务院学位委员会第二、三、四届"冶金与材料"学科评议组成员，西安交通大学金属材料强度国家重点实验室与上海交通大学金属基复合材料国家重点实验室学术委员会副主任委员；现担任四川省机械工程学会名誉理事长，四川省纳米技术协会名誉理事长，成都市机械工程学会理事长，《材料热处理学报》《中国有色金属学报》《建筑材料学报》《金属热处理》《功能材料》《中国表面工程》《机械工程材料》等杂志编委或顾问；兼任山东工业大学、太原理工大学、西南科技大学、华侨大学名誉教授，以及同济大学、吉林大学、西南交通大学、合肥工业大学、河南科技大学等兼职教授。

自 1988 年以来，主要从事功能材料及纳米材料的研究与应用，包括稀土钕铁硼（NdFeB）永磁材料及磁体，镍氢动力电池，稀土储氢合金，稀土室温磁致冷材料及样机，电磁波屏蔽复合涂料，稀土掺杂 ZnO 高压压敏电阻，各种稀土纳米材料，纳米金属粉体的制备与应用，纳米 ZnO、TiO_2、SiO_2、$CaCO_3$ 复合改性及提升传统产业，纳米尺度分子组装以及微纳米生物医药材料，其中有多项被列入"十五"、"十一五"期间 863 计划项目和国家自然科学基金重点项目。获得省部级鉴定科研成果十余项，申报国家发明专利 60 余项，其中"微特电机用塑料黏结钕铁硼永磁体"的研究成果经成都银河磁体公司产业化后，2006 年产值已达 5 亿元；"室温磁致冷材料"和"无钕稀土系镍氢动力电池"方面的研究成果分别被评选为 2002 年和 2004 年稀土十大科技新闻。2000 年以来，获省部级科技进步一等奖一项、二等奖四项，四川省研究生教育优秀成果二等奖一项，2006 年获国家科技进步二等奖一项。

涂铭旌院士编写并出版了《钢的热处理》《机械零件失效分析与预防》《材料创造发明学》《科技竞争谋略》等五本专著；1988 年至 2011 年期间，涂铭旌院士独立以及与合作者联合发表学术论文 700 余篇，包括中文学术论文 600 篇，英文学术论文 116 篇，其中 333 篇被 EI 收录，191 篇被 SCI 收录。

培养研究生 100 余名，近 50 名博士研究生被授予了博士学位，已指导 8 名博士后。

主要学历及经历

1947.09～1951.07　同济大学机械系学习、毕业；

1953.01～1955.12　哈尔滨工业大学、北京科技大学金属材料及热处理专业研究生学习、毕业；

1983.01～1984.01　德国卡尔斯鲁厄大学工程材料学研究所访问研究；

1951.07～1952.08　同济大学机械系助教；

1952.09～1958.09　上海交通大学机械系金属材料及热处理教研室助教、讲师；

1958.10～1978.12　西安交通大学讲师、教研室主任、研究室副主任；

1979.01～1982.12　西安交通大学金属材料及强度研究所副所长、副教授、教授；

1984.10～1988.07　西安交通大学金属材料及强度研究所所长、材料系主任、博士生导师；

1988.08～　　　　成都科技大学金属材料系教授,高新技术研究院院长；

1995.05～　　　　增选为中国工程院院士。

荣誉称号

1984 年被国家人事部、国家科学技术委员会联合选定为"国家级有突出贡献的中青年专家"；

1990 年由国家教育委员会、国家科学技术委员会联合授予"全国高等学校先进科技工作者"称号；

1991 年享受国务院特殊津贴；

1996 年获香港柏宁顿（中国）教育基金会"孺子牛金球奖"；

1998 年被授予四川省优秀教师称号；

2000 年被评为四川省优秀研究生指导教师。

科研成果

1.1988 年以来与合作者共同获得以下科研成果：

国家科学技术进步二等奖（2006 年）1 项；

四川省科技进步一等奖（2004 年）1 项；

省部级科技进步二等奖（1977~2004 年）6 项；

省部级科技进步三等奖（1991~1992 年）2 项。

2.申报国家发明专利共 103 项；实用新型专利共 3 项。

前　言
Preface <<<

　　人类社会的进步与发展史就是一部创造发明史。

　　纵观人类历史文明进程，每一项新的发现，都是一项伟大的创造发明，都对人类的发展带来革命性的变革。例如，远古时期，人类以树做衣，抵御寒冷，钻木取火，烹饪食物；石器时代，人类创造发明了石器工具；第一次工业革命时期，随着蒸汽机的发明以及在工业上的广泛应用，人类社会进入蒸汽时代；第二次工业革命时期，人类开始进入电气时代；第三次工业革命时期，人类进入科技创新和技术发明时代，一些新的技术，如航空航天技术、生物克隆技术等高新技术逐渐被发明……因此，人类历史进程本身就是一部创造发明史。

　　翻开世界科学技术发展史，最值得我们中国人引以为荣的，莫过于指南针、造纸术、活字印刷术和火药四大发明。这些伟大发明在历史上不但极大地推动了我国经济文化的发展，而且对世界的文明进步也做出了难以估量的贡献。

　　创造发明离不开创新，创新是一个国家和民族发展的灵魂，创造发明是创新的必然结果和发展趋势，是国家发展和民族进步的动力之源，是人类文明进步的阶梯。

　　《国家中长期科学和技术发展规划纲要》提出："到 2020 年我国进入创新型国家的行列"。建设创新型国家，培养创新型人才是关键。特别是进入 21 世纪，中国面临着前所未有的挑战，科学技术特别是战略高科技已经成为综合国力竞争的焦点。

　　李克强总理在 2015 年"五四"青年节勉励清华学子：青年创业创新国家就朝气蓬勃。希望当代大学生要有钻研学问的精进态度，学好基础知识，提高基础本领，筑实基础研究，在学习中不仅要向书本学习，也要向实践学习。与此同时，也应鼓励勇于打破常规创新创业的开拓精神。"大众创业、万众创新"，核心在于激发人的创造力，尤其在于激发青年的创造力。青年愿创业，社会才生机盎然；青年争创新，国家就朝气蓬勃。

　　如何培养创新型人才？我们认为，高等教育应努力培养学生不断创新的实践能力——创造力，这也是教育服务于社会主义现代化建设的需要；加强创造发明热情的培养，又事关创新工程和人类自身创造性能力资源的开发。创造力依赖于创造性思维活动，创造性思维活动是人的创造性得以发挥和创造成果得以形成的决定性因素。

　　如何使我们中华民族在科技竞争激烈的当下处于不败之地？笔者认为，我们应培养具有较强创新精神，能在核心科技竞争领域能够进行创造发明，开发新技术、新产品的高素质人才。在多年来的教学科研中，笔者潜心研究，总结经验，如"一支铅笔·一张纸·一块橡皮"创造发明思维的简易训练方法、科技创新思维三角形、"少人区""无人区"科技谋略、孙子兵法与科技竞争谋略、从"点石成金"到现代点金术等。在多年来的教学科研中，笔者潜心研究，结合自身科研经历，凝练出一系列创造发明的思路、方法及路径，并在多年的人才培养和科学研究等方面一直践行这些创造发明的方法，取得了良好的效果。希望这些创造发明方法能够对广大读者起到启迪和方法论作用。

本书主要内容包括创造发明的思路与方法，科技创新思维三角形，"少人区""无人区"科技谋略，孙子兵法与科技竞争谋略，从"点石成金"到现代点金术，从美学的角度看科学与艺术，中医药材的交叉学科研究，医学的多学科交叉、融合与创新，创新型人才培养的思路、方法及路径。

本书第1章介绍创造发明的内涵、创造发明的程序和创造发明的方法以及运用这些创造发明方法进行科技创新的实例，提出并阐述"一支铅笔·一张纸·一块橡皮"创造发明思维的简易训练方法。第2章介绍思维三角形的内涵、思维三角形的图形特征、思维三角形的思维表达特征以及用于思维三角形进行创造发明的方法。第3章介绍"少人区""无人区"的概念及特征、思维原理、创新方法以及"少人区""无人区"的科技谋略与应用技巧。第4章介绍利用孙子兵法进行科技创新的方法与策略。第5章介绍"点石成金"的由来、原理以及现代点金术在创造发明中的应用。第6章介绍科学美与艺术美在创造发明中的作用。第7章和第8章分别介绍创造发明在中药材和医学等领域的应用。第9章介绍运用所提出的创造发明方法培养创新型人才的举措、作用和意义。

授人以鱼，不如授人以"渔"；授人以钱，不如授人以"技"；

授人以技，不如授人以"智"。因此，本书主要基于作者多年科学研究中所提出的创造发明思维，介绍创造发明的一些思路、方法及路径，并以实例验证所提出的创造发明方法。希望本书能够对广大青年学生和科技工作者进行科技创新、技术发明时有所助益，并且希望本书能够启发广大青年积极投身创造发明、敢于探索、勇于创新、开拓进取、科技报国。

本书在编写过程中参考了许多文献资料和网站，主要参考文献列于书后。由于疏漏等原因，可能有些参考的文献资料并未在文中列出，在此谨向所有在参考文献中涉及的作者和未曾列出的文献资料作者致以诚挚的谢意。本书整理过程中，张进教授、唐英教授、孟江平博士、徐迪博士和王召东博士付出了大量工作，在此一并表示衷心的感谢。

本书编写得到了重庆文理学院专著出版资助和环境材料与修复技术重庆市重点实验室的资助，在此表示诚挚的谢意。

本书的顺利出版，还得到了科学出版社同仁的大力支持，在此深表谢意！

由于作者水平有限，书中难免出现谬误，恳请各位同行和读者批评指正，敬请提出宝贵意见，以便再版时修改和完善。

涂铭旌

2016 年 10 月于重庆文理学院

创新是科学房屋的生命力。

——阿西莫夫

能正确地提出问题就是迈出了创新的第一步。

——李政道

道在日新，艺亦须日新，新者生机也；不新则死。

——徐悲鸿

开创则更定百度。尽涤旧习而气象维新：守成则安静无为，故纵胜废萎而百事隳坏。

——康有为

科学的存在全靠它的新发现，如果没有新发现，科学便死了。

——李四光

目 录
Contents <<

第1章　创造发明的思路与方法

1.1　创意的含义

创意（creating）是创造意识或创新意识的简称，又叫"剙意"，也被称为创造力或创造性，指的是生成、产生新的构思、新的想法（idea）或构想创造新产品、新物件的能力。

汉王充《论衡·超奇》："孔子得史记以作《春秋》，及其立义创意，褒贬赏诛，不复因史记者，眇思自出於胸中也。"王国维《人间词话》三十三中云："美成深远之致不及欧秦，唯言情体物，穷极工巧，故不失为第一流之作者。但恨创调之才多，创意之才少耳。"郭沫若《鼎》："文学家在自己的作品的创意和风格上，应该充分地表现出自己的个性。"创意是一种通过创新思维意识，从而进一步挖掘和激活资源组合方式进而提升资源价值的方法。

创意是逻辑思维、形象思维、逆向思维、发散思维、系统思维、模糊思维和直觉、灵感等多种认知方式综合运用的结果。要重视直觉和灵感，许多创意都来源于直觉和灵感（图1-1）。

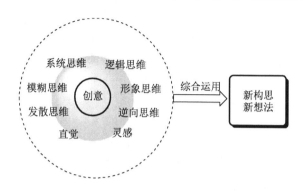

图 1-1 创意中各种思维的综合运用与作用

1.2 创造性的含义

一般认为创造性是指个体产生新奇独特的、有社会价值的产品的能力或特性，因此也称为创造力。新奇独特意味着能别出心裁地做出前人未曾做过的事；有社会价值意味着创造的成果或产品具有实用价值、应用价值、学术价值、道德价值和审美价值等。

《中华人民共和国专利法》第二十二条规定：创造性，是指与现有技术相比，该发明具有突出的实质性特点和显著的进步，该实用新型具有实质性特点和进步。

创造不是墨守成规，而是推陈出新。鲁迅说得好："什么是路？就是从没路的地方践踏出来的，从只有荆棘的地方开辟出来的。"创造性活动就是披荆斩棘，开辟新的道路的活动。发明通常指人们做出了前人所没有做出的重大成果。这种成果包括有形的物品和无形的方法等，其特征是这些物品或方法在发明前客观上是不存在的。发明是首创的、有价值的、实用的事物。创造发明必须具备以下三个条件，即：①新颖性，即前人所没有；②先进性，即较前事物具有明显的优势；③实用性，即经过实践证明可以应用。

那么，对"创造性"一词如何解释呢？我们认为，创造性可用"道前人所未道"或"做前人所未做"来解释。例如，用新的资料和新的方法，站在新的角度去研究新的问题，从而提出了新见解、得出了新结论、发现了新规律、作出了新发明，那么这种研究工作就具有创造性。总的来说，凡是能提高我们对自然界和人类社会的认识，从而丰富人类知识的工作，都是有创造性的工作。

创造性由创造性意识、创造性思维过程和创造性活动三部分组成（图 1-2）。在创造性的组成部分中，创造性思维是其核心。创造性思维又包含聚合思维和发散思维，发散思维是创造性思维的核心，它与创造性思维关系最为密切。发散性思维表现在行为上，即代表个人的创造性。发散思维有三个主要特征：流畅性、变通性和独特性。

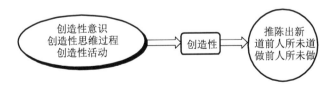

图 1-2　创造性的组成与作用

科技工作者在科技创造中，首先要学会自己评定自己的智力结构，发挥自己的优势，避开自己的劣势，走自己的创新成长之路，这样更易产出创造性成果。

智力结构主要由观察能力、记忆能力、思维能力、想象能力、操作能力等基本能力构成。这五种基本能力，可以称为智力结构的五个要素。为了便于理解，我们不妨打个比方：观察能力是智力结构的眼睛，记忆能力是智力结构的储存器，思维能力是智力结构的活动中枢，想象能力是智力结构的翅膀，操作能力是智力结构转化为物质力量的转换器。在智力结构中最为重要的是创造性思维和创造性想象，这两种能力构成了人的创造能力。每个科技工作者可以根据自己智力结构的特点，分别选择基础研究、应用研究和开发研究等不同类型的课题。

1.3　发现与发明的含义

发现（discovery）是对客观规律、事物的第一次正确认知，即第一次明确表述早已存在的客观事实与现象。

发现一词在古代亦叫"发见"。《史记·天官书》："日月晕适，云风，此天之客气，其发见亦有大运。"宋朝苏轼《焦千之求惠山泉诗》："遇隙则发见，臭味实一族。"明代宋应星《天工开物·镜》："唐开元宫中镜，尽以白银与铜等分铸成……朱砂斑点，乃金银精华发现。"

发现的结果本来是客观存在的，只是后来才被人们正确认识。

比如物质的本质、现象、运动规律等，不管你是否发现，它是客观存在的，后来被人认识到了，就有了发现。

发明属于科技成果在某领域中的创造。

发明（invention）通常指人们做出了前人所没有做出的重大成果。这种成果包括有形的物品和无形的方法等，其特征是这些物品或方法在发明前客观上是不存在的。技术研究中获得的前所未有的成果或重大成果多属发明，可以申请发明专利。

发现和发明的区别是：发现是认识客观世界，发明是改造客观世界。发现要回答"是什么""为什么""能不能"等问题，主要属于非物质形态财富；发明要回答"做什么""怎么做""做出来有什么用"等问题，主要是指知识的物化过程和结果，能直接创造新的物质财富（图1-3）。

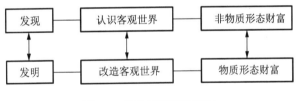

图1-3　发现和发明的区别

1.4　创造发明

创造发明，也叫发明创造，是指运用现有的科学知识和科学技术，首创出先进、新颖、独特的具有社会意义的产品、方法和工艺，来有效地解决人们日常生活中某一实际需要（图1-4）。因此，科学上的重大发现，技术上的每一次革新，以及文学和艺术的创作，在广义上都属于创造发明范畴。创造发明不同于科学发现，但彼此存在密切的联系。

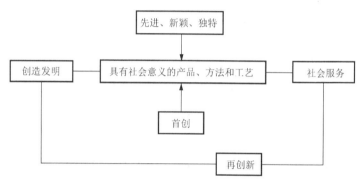

图 1-4　创造发明的内涵

历史上人们利用科学的方法和方式，通过探索、研究、发现、表达、记录、信息传递交流，制作成为口语、书面信息、涂鸦图案、实物产品、科学技术理论、规律揭示，利用自然界存在的或者隐含的人类未知原理等，制作成为可以供生存、生活、生产、交流、信息交换等，具备相当程度的科技含量人类智慧结晶产品。一般地，称之为创造。所有的创造的开端，都是为了造福人类的科学技术活动。

1.4.1　创造与创新

人们在众多场合，都不严格区分创造与创新的用法。例如在词典上，"创造"被解释为"想出新方法，建立新理论，做出新的成绩或东西"；"创新"被解释为"抛开旧的，创造新的"。于是，在书籍文章等用词上，创新就是创造，两者具有等同的内涵。如今人们习惯上认为，创新比创造更容易理解和接受，在用词上，人们更多地使用"创新"这个词。

学者们对创新的概念有多种解释。较为一致的看法是：创新是把新设想（或新概念）发展到实际应用阶段并成功地应用于实践的阶段。因此，一般意义上讲，创造强调的是创新的新颖性和独特性，而创新则是强调创造的某种社会实现。

创新（innovation）是指第一次应用的事物或方法把发明和创造实用化与商业化，或把新的方法运用于经济活动的过程。创新的范围广泛，它包含了科技创新，但又不止科学范畴的创新。创新的范畴涵盖了产品、工艺和市场的创新，如：新产品的概念、新产品的设计、新的物料、市场地域与范围等的开拓、生产流程与工艺的创新与改进、企业的重组与联合、新的领域或新产业的开拓，等等。

创新包涵创意与发明。创新指的是构思创意、研究、试验和开发新装置、新方法、新过程、新工艺和商业化的活动集合，是一类使创意与发明专利实用化与商业化的社会技术与经济活动的集合。

创新者能够把灵感与创意或发明投入喧闹市场而服务人类社会，是社会发展和进步的推动者。

1.4.2　创新类型

按人类创新的行为分类，创新可分为：观念创新、理论创新、技术创新、产品创新、工艺和装备创新、体制创新、市场创新、组织创新和管理创新等；也可以概括为三种创新范畴，即知识创新、技术创新和制度创新。三者既有独特性，又有相关性。

按创新的变革程度，创新又可分为两大类：渐进性创新和突破性（或原始性）创新。

所谓渐进性创新是指对现有的理论或技术进行局部改进的创新。例如，彩电技术创新沿着普通彩电、纯平彩电、背投彩电、液晶彩电、等离子彩电的发展轨迹，是一个典型的渐进性创新。

突破性（原始性）创新是指在自然科学技术和社会科学及其实践上具有重大突破的创新。

原始性创新的特点是没有前人的知识、技术或体制可以借鉴。它具有两个基本特性：原始性和唯一性。

基础研究的原始性创新一般体现为以下三方面：

重大科学发现，表现为对自然规律的揭示，如牛顿第一定律、第二定律、第三定律，能量守恒定律等。

重大理论突破，指概念、观念或理论上的突破，如量子力学、相对论等，表现为推翻旧的科学理论。

重大技术和方法发明，如晶体管的发明、核能的利用等。

诺贝尔自然科学奖被世界广泛认为是原始性创新成果的最高荣誉。根据对 1901~1999 年近百年来诺贝尔自然科学奖的分类统计，可以发现：重大科学发现占 58.7%，重大理论突破占 22.8%，重大技术和方法发明占 18.5%。

原始性创新已经成为现代科技竞争的制高点。针对目前我国引进技术多、自主创新少、跟踪研究多、原创性研究少、突破性创新少的状况，政府提出加强自主创新。其内涵包括原始创新、集成创新和引进消化吸收再创新。

1.5　创造发明的程序

创造发明虽然常常是思维的闪电，但须通过一定过程来达到。创造发明离不开一定的程序和过程。长期以来，人们总结概括创造发明实践的规律，提出关于创造发明过程一般程序的各种各样的模式，其中比较有代表性的有以下几个。

美国著名创造工程权威奥斯本提出的模式是：

发现问题 → 提出设想 → 解决问题

美国兰德公司的特里戈和凯普纳提出的模式是：

发现问题 → 分析原因 → 最终结果

前苏联科学家戈加内夫提出的模式是：

提出问题 → 努力解决 → 潜伏 → 顿悟 → 验证

英国心理学家瓦拉斯提的模式是：

创造准备 → 酝酿 → 明朗期 → 验证期

前苏联科学家卢克提出的模式是：

提出问题 → 搜集相关信息 → 酝酿 → 顿悟 → 检验

美国佛罗里达大学贝利教授提出的模式（更适用于工程技术）是：

提出问题 → 搜集相关信息 → 酝酿 → 顿悟 → 检验

创造发明程序及思路主要是：发现和提出问题，认真分析确定所要完成的目标，在此基础上提出新的概念、理论、构思、技术等；通过查新确定自己的创新性后，提出具体方案，并付诸实验验证，如图 1-5 所示。

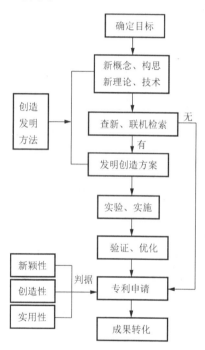

图 1-5　创造发明程序

1.6　技术开发程序及思路

技术开发程序及思路是：以科学发展、高新技术信息为科技依据，以社会需要、生活需要为产业、市场需要，进行总体规划构思，制订计划，然后着手研究、开发；通过实用化研究达到产品化，继而形成商品，继续发展，进行大批量生产，达到产业化；最后产品逐渐衰退，被其他技术、产品所取代。技术开发要成功地取得技术、经济和社会效益，须遵守如下原则：以市场与信息为导向，以产品为对象，以高新技术和应用技术研究为依托，以企业联合为支柱，以实现产品化、商品化、产业化为最终目标，如图 1-6 所示。

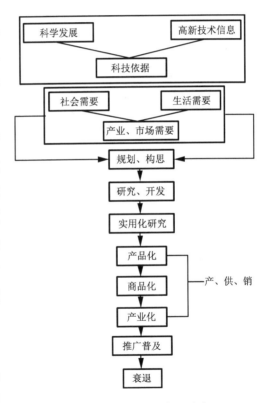

图 1-6　技术开发程序及思路

1.7 理论研究的创新

理论研究是一个发现问题、分析问题的过程。理论研究也需要在已有的基础上进行创新，发现新理论。理论研究的创新是在了解前人工作和权威评述的基础上，通过自己的实际工作和学习，发现问题，找出其中是否存在破绽，若有破绽，进行实验、分析；论证理论上有无问题，若有问题，提出自己的假说，进行论证、检验，如图1-7所示。

例如，断裂力学的产生就是这样一个过程。有些构件，如航天器，在满足强度要求的情况下，常常发生失效，这在材料力学上是解释不通的。实际的需要是推动科研发展的巨大动力。通过研究，人们发现存在裂纹的构件应遵守新的规则，于是，断裂力学就产生并发展起来了。

如图1-8所示，材料形变断裂的研究思路是：在前人工作的基础上，从环境因素、材料因素考虑进行试验研究，观察试样的形变、断裂过程，然

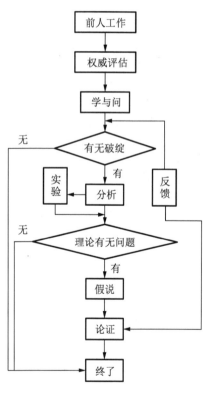

图1-7 理论研究的创新

后依据所得到的信息，进行综合分析，实行相关法研究和过程法研究，得出相应的形变断裂物理模型和数学模型，从而从理论上分析、解决形变断裂问题。

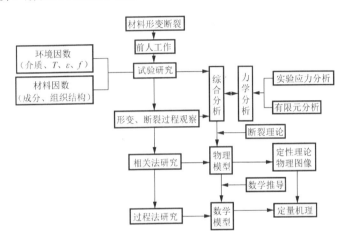

图 1-8　材料形变断裂研究思路

1.8　创造发明方法

1.8.1 "一支铅笔·一张纸·一块橡皮"创造发明思维的简易训练方法

　　根据多年的教学、科技创新经验，笔者总结提出了"一支铅笔·一张纸·一块橡皮"创造发明思维的简易训练方法。该方法通过归纳与总结、发散与收敛思维方式，要求大家将某一科学领域或技术现象，用一支铅笔写在一张纸上，用圆圈或方框标记这一科学领域或技术现象，将该领域已有的研究全部罗列于一张纸上，如 A、B、C、D、E……不同的方向，可用不同色彩的框图标明和区分。将所要研究的科学领域或技术现象没有涉及的地方或未知领域用"？"标记，这些"？"就是没有涉足的领域，可用运用联想、类比、类推、移植等创新思维，发现新问题、提出新方法，进行创造发明，开发新技术。然后利用一块橡皮，在该张纸上不断地修改，再一次发现新问题，提出新方法，解决新问题，再一次进行创造发明。同样，在 A 领域中，也可以按照这样的方法进行归纳总结，得出新的创新点，从而可以进行快速、简便的科学研究与科技创新。"一支铅笔·一张纸·一块橡皮"创造发明思维的简易训练方法如图 1-9 所示。

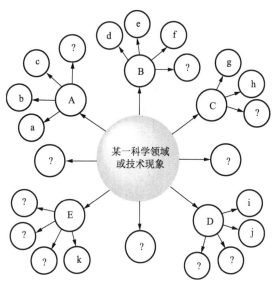

图 1-9　"一支铅笔·一张纸·一块橡皮"创造发明思维的简易训练图

在"一支铅笔·一张纸·一块橡皮"的创造发明方法中，创新思维起决定性作用，如图 1-10 所示，我们在一张纸上画出 A，通过联想、类比、类推、移植等创新思维和方法，我们可以创造发明出 B。

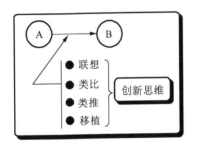

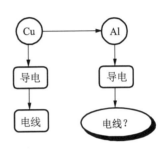

图 1-10　创造发明中的创新思维图　　图 1-11　铝电线的发明

例如，铜可以导电，但制作的电线较重，通过联想、类推等思维，研究发现铝也可以导电，所制作的电线较铜线经济且重量较轻，被大量使用，如图 1-11 所示。

1.8.2 发散与收敛创新思考方法

由图 1-12 可知，已知 X 已在 A、B、C 和 D 等领域具有广泛的研究与应用，那么在其他领域是否具有研究和开发价值呢？通过"一支铅笔·一张纸·一块橡皮"的创新思考方法，我们绘制出 X 在 A、B、C 和 D 等领域的研究成果与技术，然后绘制出 X 未曾涉足的领域，如果我们在未知领域进行科学研究，就会得到创新成果。如人类基因图谱、石墨烯、激光超声波技术的创新研究。

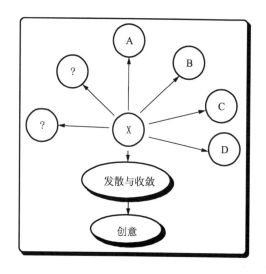

图 1-12　发散与收敛创新思考方法

1.8.3 交叉创意

　　所谓"交叉""边缘"研究和突破是指有意识地在两门学科或几门学科交接处的领域内,利用这些学科领域各自的原理和技术,并使其结合进来,如图 1-13 所示。学科交叉已成为知识创新、科学发展的时代特征。"交叉学科"与"跨学科"的英文名为"interdisciplinary",所以交叉学科也叫跨学科。交叉学科是由不同学科互相渗透、彼此结合而产生的新学科。"交叉学科"或"跨学科",有广狭之分。广义的交叉学科包含 3 个方面的含义:①打破学科界线,把不同学科理论或方法有机地融为一体的研究或教育活动,即通常所说的跨学科研究和跨学科教育;②指包括众多的交叉学科在内的学科群,如边缘学科(即在原有学科之间相互交叉、渗透而形成的学科)、横向学科(即以不同学科或领域中的某一共同属性或方面为研究对象的学科)、综合学科(即综合运用多门学科的理论和方法研究某一特定对象或领域的学科)等;③指一门以研究跨学科的规律和方法为基本内容的高层次学科,可以称为"跨学科学"或"科学交叉学"。狭义的交叉学科是指自然科学、人文社会科学相互交叉地带生长出的学科。

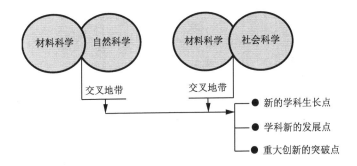

图 1-13 交叉突破原理图

交叉学科具有多种不同形式:有相邻学科之间的交叉,又有远缘学科之间的交叉;有同一层次学科之间的交叉,又有不同层次学科之间的交叉;有两门学科之间的交叉,也有数门学科之间的交叉;有自然科学内部学科或人文社会科学内部学科之间的交叉,也有自然科学与人文社会科学之间的交叉;既有横向意义上的交叉,也有纵向意义上的即基础研究、应用研究与开发研究之间的交叉。交叉学科的兴起,开创了科学的新局面,改变了科学的结构和形象,反映了人类知识发展的新趋势、科学研究的大综合,以及科学活动的高度社会化和社会发展的日益科学化。

钱学森曾说:"交叉科学是指自然科学和社会科学相互交叉地带生长的一系列新生学科。"钱三强也曾说:"各门自然科学之间,自然科学与社会科学之间的交叉地带，一贯是新兴学科的生长点，于是就产生了一系列的交叉学科（边缘学科、横断学科、综合学科）。可以预料，20世纪末到21世纪将是一个交叉科学时代。"因此，交叉科学的研究与发展是从长远着眼，具有战略意义的。

　　交叉创意对培养创新型人才起到重要作用，如图1-14所示，A学科和B学科交叉，产生X学科；B学科与C学科交叉研究产生Y学科；而A、B和C三学科交叉研究产生Z学科。当前，随着科学技术的发展，从事学科交叉研究的学者也逐年增加，多学科交叉研究成果显著。如图1-15所示，物理、化学、力学等学科交叉研究，产生了物理化学、材料科学等学科。

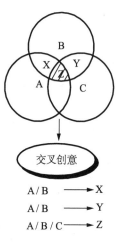

图1-14　交叉创意　　　　图1-15　多学科交叉创造发明

　　根据交叉创意原理，可以预测，社会与材料科学交叉，将诞生社会材料学。这门交叉学科——社会材料学大体应包括如下内容：材料与人类进步、材料与技术革命、材料技术经济政策、材料与资源、材料与能源、材料与环保、材料储存与管理、材料进出口、材料评价体系、材料节约、材料循环回收、材料综合利用等（图1-16）。有兴趣者不妨尝试一下。

图 1-16　社会科学与自然科学的交叉

学科交叉获得巨大突破的实例：

（1）导电高分子——聚乙炔的发现。

塑料通常是电的绝缘体，但是日本东京工业大学白川英树教授领导的研究组，在用乙炔气制取一种聚乙炔塑料时，因偶然加了比实际要求量多1000倍的催化剂，结果得到一种银白色薄膜。1977年，美国宾夕法尼亚大学物理系教授艾伦·黑格到该校参观，对聚乙炔为什么会呈银灰色薄膜状很感兴趣。于是，他和化学系的艾伦·马克迪尔米德（MacDiarmid）教授与白川英树教授一起以各自的专长共同合作研究了导电高分子——聚乙炔。他们在材料、物理和化学三个学科领域的交叉研究和通力合作，取得导电高分子研究的突破，以至于后来三个人都成为2000年诺贝尔化学奖的获得者。这也是一个材料科学与工程学科交叉的范例。

（2）红色荧光粉 Y_2O_3：Eu 的学科交叉突破。

彩色电视屏幕上显示出艳丽多彩、千变万化的图像，是由红、蓝、绿三种基色荧光粉复合产生系统效应演变出来的。人们先是成功发明了 ZnS：Ag 蓝色荧光粉和 ZnS：Cu 绿色荧光粉，迫切需要研制高纯度和高亮度的红色荧光粉与蓝、绿色荧光粉相匹配。20 世纪 60 年代，美国通用电话和电子公司组织三位科学家联合研究，他们中一位是学物理的，专长共振现象的研究，一位专长光谱学的研究，还有一位是学化学的，专长氧化物晶体生长的研究。他们三人通力合作，几经周折，最后成功地发明了产生红光的激光晶体 Y_2O_3：Eu，作为红色荧光粉使用，取得了重要突破。这又是材料科学与工程领域内多学科交叉，理论和实际完美结合进行发明创造的典型例子。

1.8.4 组合与集成创意

爱因斯坦曾说："组合作用似乎是创造性思维的本质特征"，"找出已知装备的新的组合的人，就是发明家"。晶体管的发明人肖克莱也说："所谓制造，就是把以前的发明结合起来。"

将两个或两个以上独立的技术因素通过巧妙的结合或重组，以获得具有统一整体功能的新材料、新工艺、新技术和新产品的方法，就是组合发明法，图 1-17 说明组合发明的思路。

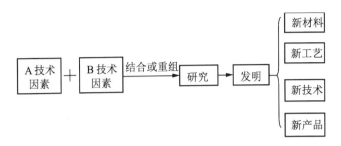

图 1-17 组合发明法的思路

组合与集成创新是将不同领域内的各种技术或者产品的零部件重新组合成一种新技术或新产品，如图 1-18 所示。其基本思路是：对 A 和 B 分别进行系统观察、详细思考和分析总结，发现其各自的优势，寻找各自的独特之处，摒弃无用之处，根据实用性和新颖性，从 A、B 现象中发现优势或独特之处，组合以产生较 A 现象、B 现象都要更强、更加实用或更加新颖的新现象 C。

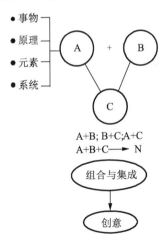

图 1-18 组合与集成创意

如图 1-19 所示，金属能够导电，根据组合与集成创新理念，高分子和陶瓷是否能够导电？或者二者组合后，所制备的新型材料能够导电吗？研究发现，高分子材料以及陶瓷新材料也能够导电。目前已制备出许多高分子导电材料，如导电高分子聚乙炔等，已在工业上广泛应用。

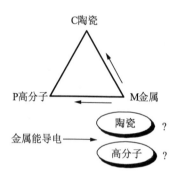

图 1-19　组合与集成创意实例

组合与集成创意案例：

（1）一个突出的组合发明事例。

1979 年诺贝尔生理学或医学奖获得者豪斯菲尔德将已有 X 射线的照相装置与电子计算机组合到一起，发明了 CT 扫描仪。该仪器在诊断脑内疾病和体内瘤变方面具有特殊的效能，被誉为 20 世纪医学界最重大的发明之一。

（2）材料与艺术的结合。

艺术与高分子材料结合，产生了高分子书画材料、树脂光致发光画。

艺术与合金结合，产生了我国古代铜车马和青铜镜；四川广汉三星堆出土世界称奇的青铜器，以及成都金沙遗址出土的神鸟追日的古物也是二者结合的例证。

瓷器与景泰蓝相结合，创造出我国特有的珍贵的景泰蓝瓷器。

（3）功能组合。

将多种功能组合在一个部件、整机或某种材料上，比如，多功能家用电器，装有电子表、温度计的多功能台历。

经过巧妙的设计，四川大学材料科学与工程学院将银离子、稀土铈离子组装到纳米 TiO_2 中去，这种 TiO_2 复合材料既具有广谱抗菌功能，还具有肿瘤细胞凋亡的效能，加入内墙涂料中还能使甲醛、苯等有害物质产生降解的功能，甚至还有可能释放一定量负氧离子。

（4）材料组合。

钢＋铜——钢芯铜线（钢保证强度、铜丝导电）。

钢＋塑料——钢塑耐蚀管（内外壁塑料、中部为钢管）塑钢门窗、塑钢板。

磁性材料＋塑料——磁性塑料（有磁性，又有塑性，去掉烧结磁材脆性的缺点）。

磁性材料＋橡胶——磁性橡胶（有磁性，又有弹性，用作密封片）。

（5）新材料与新工艺的组合。

例如，微波等离子低温沉积金刚石薄膜技术、采用高能离子在材料表面注入各种元素的技术、钛合金高压球形无焊缝气瓶超塑性成型技术。

（6）新材料与测试技术相结合。

例如，光纤传感温度测量装置的出现。

（7）两个以上的工艺技术组合。

例如，表面喷涂陶瓷激光处理、热轧轴承钢双相区锻造等温退火工艺、化学热处理钎焊法、高强度钢筒形零件形变热处理新工艺。

（8）工艺及设备的组合。

例如，将爆炸冲击波与火焰喷涂组合，人们发明了爆炸喷涂设备。

1.8.5 创意三角形

如图 1-20 所示，我们在一张纸上画出 A、B 和 C，A＋B 可以进行创造发明，B＋C 进行创造发明，A＋C 进行创造发明，A＋B＋C 进行创造发明，得到 M，从而形成创意三角形。

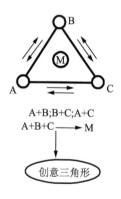

图 1-20　创意三角形

1.8.6 三维创意

我们可以通过三维创意进行创造发明。创造发明不仅仅是二维模式,还可以进行纵向创造发明,形成三维创意模式,如图 1-21 所示,A 可以在 B、C 和 D 领域中创造发明,B 可以在 A、C 和 D 领域中创造发明,C 可以在 A、B 和 D 领域中创造发明,A、B、C 和 D 之间的创造发明构成三维模式,即三维创意。

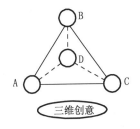

图 1-21 三维创意

1.8.7 伞形辐射法

当某个重大技术发明问世以后,常呈中心辐射扩展,循不同分支途径产生"多米诺骨牌"式的连锁效应,带来多项技术革新和发明,形成新材料、新产品和新兴企业。

伞形辐射法是指某一新技术若有强大的生命力,便会很快地辐射移植到多个技术领域,继而又会在这些技术领域内作辐射扩展,且是在技术原理和方法上相互移植,呈伞形辐射,产生一系列连锁发明,其原理归纳成图 1-22。

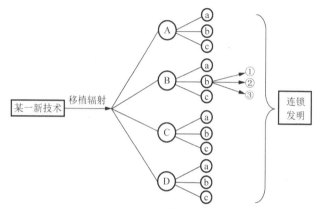

图 1-22　伞形辐射发明法原理

伞形辐射法案例：

（1）稀土在各个材料领域中有广泛应用，如图 1-23 所示。

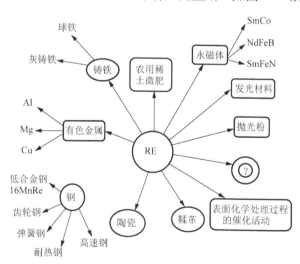

图 1-23　稀土在各个材料领域中的伞形辐射图

（2）超声波技术。

应用超声波对金属内部缺陷进行无损探伤，早已广泛被辐射扩展到各个工程领域。利用超声波振动的原理，发明了超声波淬火、熔铸、焊接、研磨等新技术，如图 1-24 所示。

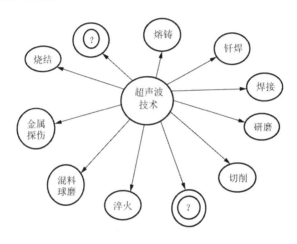

图 1-24　超声波技术辐射移植图

（3）激光技术。

激光技术已被成功地辐射移植到金属材料的表面淬火、非晶化和表面合金化、激光焊接、激光光谱分析。激光也用于高分子基团的"嫁接"和"剪裁"技术，产生新特性的共聚物，如图 1-25 所示。

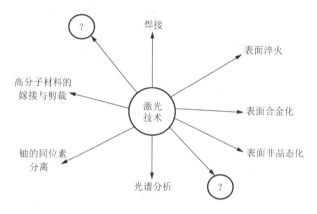

图 1-25　激光技术在材料领域中的辐射移植图

（4）光纤技术。

光纤除了用于光纤通信，带来通信技术的重大革新外，近年来科技工作者利用光纤对 60 种物理量的敏感性，如温度、力、应力、位移、速度、加速度、角速度、电磁、电流、液体浓度、流量、流速等进行测量，创造发明出上百种光纤传感器，广泛应用于军事、航空、能源、化工医疗、工业自动化等各个工程领域，见图 1-26。

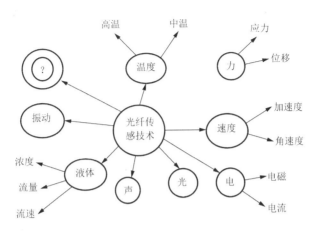

图 1-26　光纤传感技术辐射图

（5）纳米材料。

如图 1-27 所示。

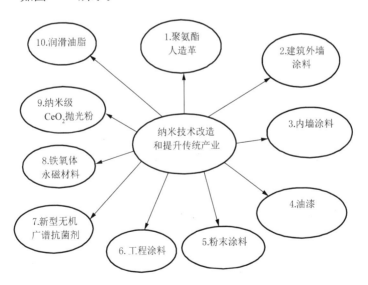

图 1-27　用纳米材料改性和提升传统产业

创造发明对于人类社会进步具有举足轻重的作用，创造发明是永无止境的工程，只要社会有需要，就会产生创造发明，就会给人类造福，推动人类社会的不断进步。在多年的教学科研工作中，总结提出了"一支铅笔·一张纸·一块橡皮"创造发明思维的简易训练方法，该方法具有思路清晰、层次分明、系统性强、创造发明便捷等优点。笔者多年来一直践行这一理念来进行科学研究和培养学生，取得了良好的效果。众所周知，每个人的创造发明潜力是无限的，每个人都可以进行创造发明，关键是怎样开启大家的创造发明之门？

笔者认为，授人以鱼，不如授人以"渔"；授人以钱，不如授人以"技"；授人以技，不如授人以"智"。因此，希望广大青年学生和科技工作者进行科技创新、技术发明时，掌握正确的创造发明方法，大胆创新，敢于探索，开拓进取，科技报国。

第 2 章 科技创新思维三角形

科技创新是推动科学技术进步的原动力，没有科技创新就没有科技的发展，然而科技创新又是一项复杂的系统工程，离不开一定的方式方法，它必受制于创新思维的运作机制。正如法国著名生理学家贝尔纳所说："良好的方法能使我们更好地发挥运用天赋的才能，而拙劣的方法则可能阻碍才能的发挥。"因此，在科学研究与发展中，探讨科技创新思维的本质、规律和方法，想必对于推动我国的科技创新事业是有裨益的。

科技创新依赖于创新的思维，以思维三角形为核心，将科技领域中的关联组元通过三角形等图形进行有机的结合，并引入联想、移植、复合、发散、收敛、辐射等哲学思维，对组元进行深入分析，从而实现科技创新的目的。

2.1 思维三角形的提出

在研究科技发展规律或者制订科技创新谋略的时候，往往出现三个或三个以上的事物或组元，它们之间相互联系、相互影响，存在一定的规律，如果用图形将三个相互关联的组元联系起来，就形成了思维三角形。于是就出现了如下的问题：能否通过思维三角形来表述科技发展的某些规律并从中引申出智慧和谋略，能否通过思维三角形的图像来表达某些领域的发展趋势及创新的思维方法。

2.2 思维三角形的内涵

将科技领域系统的某一事物作为一个组元，则可按所研究系统的组元数，划分为三元系、四元系以及多于四组元的多元系。通过对相关组元用点、线、面、体、群等方式进行思维三角形的图形表征，来揭示三角形各组元间的相互关系，如相关性、过程性、联动性、多样性和整体性等，并引入相关的哲学思维，对系统进行深入分析，从而实现科技创新的目的。

2.3 思维三角形的图形特征

所谓思维三角形，并非仅仅是指三角图形，而是组元间通过用点、线、面、体、群等方式作图进行的思维图形表征，以体现各组元间的相互联系，图 2-1 即为常见的图形表征。其中，"点"是定位于三角形顶点的各个组元，分别用 A、B、C 标记；"线"是顶点三组元间的连线，即 A—B、B—C、C—A，可体现出组元间存在的某种联系；"面" 即三顶点连线所构成的平面三角形 ABC，当组元数为四时，可将第四个组元标记在三角形的中心，构成四组元的平面三角形，"面"体现出了各组元间的整体性；"体"即立体三角形，是由四个或四个以上的组元构成的多面体三角形，如由四组元构成的四面体三角形，由五组元构成的六面体三角形，以及由六组元构成的八面体三角形等，立体三角形突出了多组元间的相互关联；"群"即多组元构成的群体，它既反映三角形群，又有立体空间的相关性，是复杂组元系统的图形表征方式。

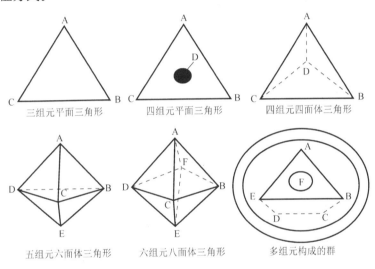

图 2-1　思维三角形的图形表征

2.4　思维三角形的思维表达特征

2.4.1　思维三角形组元间的相互关系思维表达

在绘制出思维三角图形的基础上，引入组元间的相关性、过程性、互动性及整体性等示意图像，可以揭示各组元间的内在联系，如图 2-2 所示。其中相关性体现了组元间的关联，它可以是组元间的单向相关，也可以是双向相关；过程性以箭头的走向作指示，体现了创新过程中各组元的发展趋势或者发展时序；互动性是两组元或多组元间的相互影响、相互交流，通常以双向互动进行表示；一体化、核心组元、共性组元、共同目标均体现了组元间的整体性。其中一体化是多组元的相互融合，创新出具备各组元优势的新组元；核心组元是各组元共同具有的核心部分；共性组元揭示了各组元的共同性质结构；共同目标体现了各组元一致的创新方向。

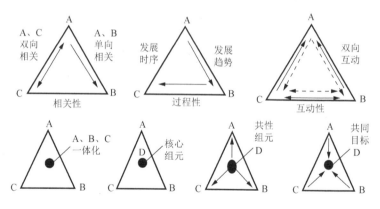

图 2-2　组元间相互关系的思维表达

2.4.2　思维三角形组元间的相互关系功能表达

通过构造思维三角形，并引入相关的哲学思维，如联想、移植、复合、发散、收敛、辐射等，对系统进行深入分析，以体现组元间的相互功能表达，并发掘科技领域的创新点（图 2-3）。

图 2-3　组元间的相互关系功能表达

（1）类比联想创新。

类比联想创新，即根据有关联的组元间某些相同或相似的性质，推断它们在其他性质上相同或相似的可能性，它是一种把某领域里的某个现象与其他领域里的事物联系起来加以思考的方法。例如，在金属、无机非金属、高分子三大材料中，根据金属的导电性进行类比联想，从而获得导电陶瓷和导电聚合物。

（2）移植创新。

移植创新，即运用某组元的概念、理论、方法或技术，来研究另一组元存在的问题。这种方法简单、有效，即所谓的"拿来主义"，但必须先消化，再合理移植。核磁共振技术的移植创新就是一个典型的例子。1946 年有人观测到了一种现象，后来这种现象被称为核磁共振成像。这一新物理现象和原理的移植引发了重大的科技创新。将该技术运用于化学，得到了可以对化学物质进行分析和鉴定的核磁共振仪；将该技术运用于医学，得到了可以探测和诊断人体病灶的医用仪器。

（3）组元复合创新。

组元复合创新，即有意识地将两个或多个组元加以复合、应用，获得新的创新点。复合创新的基本思路是，对 A 组元和 B 组元分别进行分析，发现各自的优势，寻找各自的独特之处，摒弃无用之处，根据实用性和新颖性，从 A、B 上发现的优势或独特之处出发，复合以产生较 A、B 组元都要更强、更实用或更新颖的新组元 C。例如，三大材料的复合创新：陶瓷与金属结合得到的金属陶瓷，兼有两者的优点，它密度小、硬度高、耐磨、导热性好，不会因为骤冷或骤热而脆裂；而金属与高分子结合得到了兼具两者部分优点，发展前景广阔的金属塑料。

科技创新思维三角形是一种创新的思维方式，其图形表征并非仅仅局限于三角形，还可以通过点、线、面、体、群多种图形来关联各个组元，并赋予组元点更多的思维功能。

（4）发散、收敛创新思维。

通过将组元点放大为圆圈，根据组元的属性或内涵，运用发散、收敛思维，寻求创新，如图 2-4 所示。所谓发散，即在思维过程中，充分发挥想象力，针对一个有待解决的科技问题，由一点向四面八方散开，沿着各种不同的方向去思考，通过知识、观念、技术的重新组合，寻求创新。所谓收敛，即以某个思考对象为中心，从不同的方向和不同的角度，将思维指向中心点，以达到创新的目的。发散思维与收敛思维密不可分，对于科技创新来说，发散与收敛相互联系、互为补充，发散思维是收敛思维的前

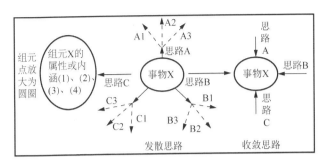

图2-4 发散、收敛创新思维

提和基础，而收敛思维则是发散思维的目的和效果。经过发散—
收敛—再发散—再收敛的螺旋上升过程，使创新的层次得以提升。

（5）辐射移植检索创新思维。

将某一新技术、新工艺、新材料等作为核心组元，对该组元
的特征、优缺点、关键科学或工程问题，发现或发明及其成果转
化的时间情况加以标注，应用辐射移植思维，在每一组元圆圈上
向外辐射作图，标注该组元已经衍生出来的那些新的分支，并按
发现或发明的时间顺序，沿顺时针方向一一标出，再循不同分支
途径产生"多米诺骨牌"式的连锁效应，带来多项创新，如图2-5
所示。例如，对多孔泡沫材料进行分析可知，纳米多孔材料是当
前的研究热点，是新兴多孔材料的生长点，通过辐射移植检索创
新法分析三大材料中多孔材料的发展情况，能够帮助研究者找到
未被发现的创新点，见图2-6。

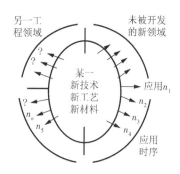

图 2-5　辐射移植创新思维

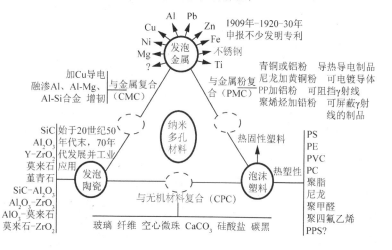

图 2-6　多孔泡沫材料辐射移植创新思维

（6）交叉突破创新思维。

所谓"交叉"研究和突破是指通过有意识地在两个或多个组元交接处的领域内，利用这些组元各自的原理和技术，使其结合进来，获得新的创新点。如图 2-7 所示，将 A、B、C 三组元放大为圆圈，相互交叉，其中 A+B=D1，B+C=D2，C+A=D3，A+B+C=D，则 D1、D2、D3、D 即为交叉地带，这些地带一贯是创新的生长点。例如，自然科学中的机械、电子、仪器等三门学科进行交叉突破，就得到了机电仪一体化这个新兴的学科。

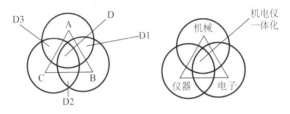

图 2-7　交叉突破创新思维

创新是科技发展与进步的永恒主题，虽然创新常常是思维的闪电，但必须依赖于一定的创新思维来实现。在我国建设"创新型国家"的进程中，对创新思维的研究和掌握具有基础性、根本性、科学性和先导性的意义。科技创新思维三角形的提出，重在将看似相互独立的科技组元进行有机的结合，利用一定的哲学思维功能表达去阐释组元间的内在关联，并以此作指导，完成对创新思维的启迪。

第3章　"少人区""无人区"科技谋略

当今之世，科学技术已成为经济社会发展中最活跃、最具革命性的因素，无论是科技企业竞争力的提升，还是科技工作者素质的提高，最根本的就是要靠科技的力量。但是随着科技的蓬勃发展，与科技相关的各种竞争已达到一个前所未有的新高度，相关从业者如何在这复杂多变、优胜劣汰的环境中求得长期生存和持续发展，已成为其面临的首要问题。由于科技研究的传统观念、习惯不同，科技发展水平不同，国家政策、生产、生活的实际需求不同，以及科技工作者自身情况不同等因素，科技领域按照竞争程度的大小可以划分为"多人区""少人区"和"无人区"，而"无人区""少人区"科技谋略则是科技竞争者求生存、谋发展的制胜法宝。

3.1　"少人区""无人区"的概念及特征

随着科学技术的快速发展，科技领域的竞争愈发激烈。特别是科技企业云集和重点投入的领域，由于资源有限而竞争者众多，可赖以生存和发展的空间愈来愈少，为求得一席之地，所需付出的资源、能量和代价就愈来愈高，成果和收益却愈来愈少，笔者将这种"千军万马过独木桥"的态势称作"多人区"竞争。

而"少人区"和"无人区",是指当前涉足较少甚至尚不存在的科研领域、科技企业、产品及市场空间。在"少人区"中,所取得的成果无疑是不多的,对许多事物和现象都缺乏深刻的了解和透彻的分析;而在"无人区"中,任何事物和现象都是谜,仅仅"知其然,而不知其所以然"。在这种竞争较少而资源众多的环境中,研究所取得的正确结论无疑都是新成果,所开发的成果和建立的理论对于目前来说都将是一种创新。

3.2 "少人区""无人区"的思维原理

3.2.1 维纳学说与"无人区"

科技领域"无人区"的概念是由控制论奠基人 N.维纳最早提出的,他在《控制论》一书中指出:"在科学发展上可以得到最大收获的领域是各种已经建立起来的部门之间的被忽视的无人区。"他主张:"到科学地图上的这些空白地区去做适当的勘察工作,只能由这样一群科学家来担任,他们每人都是自己领域的专家,但是每人对他的邻近领域都有十分正确和熟练的知识。"根据维纳学说的要点,科技的创新应该用多学科结合的视野去勘察部门之间被忽略的"无人区",然后通过学科交叉、才识互补、智力激发等手段,找准学科间的切入点和结合点,越过边界,在"无人区"中获得重大发现和发明(图 3-1)。

图 3-1 科学领域中"无人区"、"少人区"创新方法原理图

3.2.2 交叉突破与创新原理——发掘"少人区""无人区"

钱学森曾说:"交叉学科是指自然科学和社会科学相互交叉地带生长的一系列新生学科。"钱三强也曾说:"各门自然科学之间,自然科学与社会科学之间的交叉地带,一贯是新兴学科的生长点。"这些学者之所以将目光投在"交叉"二字上,是因为现代科学既高度分化又高度综合,而交叉科学恰恰集分化与综合于一体,体现了科学的整体性。这些交叉地带往往是科技领域的"少人区""无人区",它们最有可能成为新的学科增长点、学科新的发展点,以及重大发现及发明的突破点。例如,在 20 世纪最后 25 年,95 项诺贝尔自然科学奖中,授予交叉学科领域的就有 45 项,占获奖总数的 47.4%。因此,运用交叉突破与创新的原理去发掘科学与技术领域上的"无人区""少人区",就很可能收到事半功倍的效果。

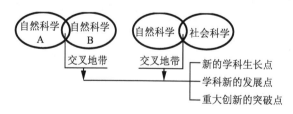

图 3-2 交叉突破与创新原理图

3.2.3 夹缝求生策略——占领"少人区""无人区"

国内革命战争时期，毛泽东的武装割据理论使得星星之火发展成了燎原之势。借用这一理论，同样可以帮助暂处弱势的科技竞争者在夹缝中求生存、谋发展。因为在多个科技集团或者多个强大产业集团之间的中间地带，存在着各种"少人区""无人区"，诸如未被发现的科技领域或技术市场、被别人忽略或根本不知道的机会空间、几个强大集团之间势力薄弱的边区。一旦找出这些"少人区""无人区"，就应锲而不舍地进行"产品割据"或"市场割据"，迅速占领缝隙，并通过技术创新、体制创新和管理创新等手段不断增强自身的核心竞争力（图3-3）。这就是暂处弱势的科技竞争者在夹缝中求生存、求发展的谋略，以小胜大、以弱胜强的法宝。

图3-3　夹缝求生策略原理图

3.3　寻求"少人区""无人区"创新的方法

3.3.1　科学、技术交叉法

根据 N.维纳、钱三强、钱学森等的观点，科技上"少人区""无人区"的发掘，应多着眼于科学、技术交叉法。这种交叉可以是社会科学与自然科学之间的交叉，可以是自然科学之间的交叉，也可以是工程技术之间的交叉(图 3-4(c))，还可以是学科分支领域间的交叉。图 3-4 所示即为不同层次、不同领域交叉所得的创新结果。

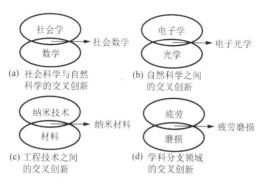

图 3-4　科学、技术交叉创新示例

3.3.2　三角形分析法

在研究科技发展规律或制订科技创新谋略时，往往出现三个或三个以上的事物或组元，它们之间相互关联，存在一定的规律。我们可以利用三角形分析法，并在三角形中引入类比联想、移植、交叉突破等思维方式去发掘"少人区""无人区"，并获得创新和突破。① 类比联想创新，即根据两个对象的某些相同或相似的性质，推断它们在其他性质上相同或相似的可能性。② 移植创新，即运用其他学科的概念、理论、方法或技术，来研究本学科或另一学科存在的问题。③ 交叉突破创新，即有意识地在几门学科交接处的领域内，利用这些学科领域各自的原理和技术，使其结合

进来，获得新的创新点。图 3-5 所示即为不同思维方式下的三角
形分析法创新结果。

图 3-5 三角形分析法示例

3.3.3 辐射分析法

以某一新兴科学或技术为圆心，按已知辐射成功的技术领域
的先后次序，沿一方向作 A、B、C、D……小圆，再作二级辐射
圆 a、b、c……如图 3-6 所示，检索分析是否存在"无人区"或"少
人区"，抓住空白点进行研究和创新。

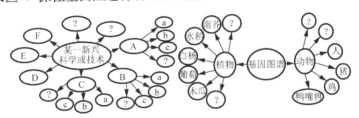

图 3-6 辐射分析法原理图及示例

3.3.4 科技前沿探求法

科学永无止境的前沿，也可谓工程技术永无止境的前沿。这些前沿地带就是"少人区""无人区"，在这里，国内外的差距都比较小，甚至处于同一起跑线上，只要找准制高点和突破点，重点研究、开发，就可能取得新发现、新发明，就有可能实现超越式发展（图3-7）。

图 3-7　科技前沿法原理图

3.3.5 挑战思维法

创新方法之一，是敢于挑战极限；敢于向世界科学难题挑战，攀登科技高峰；敢于挑战并刷新各种世界记录。挑战思维法是对"人云不可能"的难题、记录或极限进行突破、创新，而这些"不可能"恰恰就是科技领域的"少人区""无人区"（图3-8）。

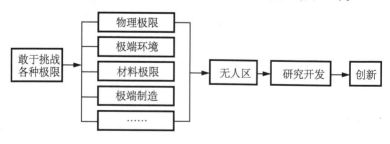

图 3-8　挑战思维法原理图

3.4 "少人区""无人区"科技谋略的应用技巧

3.4.1 选择项目的准则与评价

"少人区""无人区"科技谋略主要运用在技术开发、新产品研制等项目的选择上。但仅仅只把握"少人区""无人区"还不够，一个项目能否获得成功，应从技术先进性、市场需求性和经济可行性三个维度进行综合考量。因此笔者建议所选项目应符合以下三项准则：一是选择技术上的"无人区"或"少人区"，即用技术的先进性进行评价；二是选择用户上的"多人区"，即用市场和用户的需求性进行评价；三是选择经济上的"高效区"，即用技术和产品的经济性进行评价。

3.4.2 "无人区""少人区""多人区"的动态转变及对策

"无人区""少人区""多人区"是一个动态转变的过程，其规律如图 3-9 所示。在某项竞争激烈的科技"多人区"，创新者开辟出一块"无人区"，但随着其他竞争者的跟进，该"无人区"变为"少人区"，最终又成为新的"多人区"。纵观这一过程，"无人区""少人区""多人区"总是周而复始地出现，也正因为这种动态转变，持续的推动着现代科技的螺旋上升，先进科技的层出不穷。

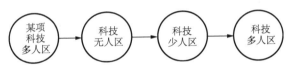

图 3-9 "无人区""少人区""多人区"的动态转变图

　　在上述动态转变过程中，开辟"无人区"的技术领先者在不同时期应有不同的竞争对策。处于"无人区"时，创新者在赚取第一桶金的同时，还应争取成为行业的标准；处于"少人区"时，面对模仿者，应抓工艺创新，降低成本，抓产品功能改进，用知识产权保护法打击仿制者；处于"多人区"时，在产品进入衰退期前，另辟蹊径实行战略转移，选择新的技术"无人区"。而模仿者可以通过技术引进、模仿跟随等途径实现后发制人的策略，但依旧需要持续创新。当技术领先者推出创新型的产品或技术时，后发制人者只靠单纯的仿造是难以后来居上的，但经过分析研究，找出领先者的弱点，并加以改进和创新，推出更好的产品或技术，则可迅速取得优势。

3.4.3 以弱胜强的"避实击虚"谋略

　　在科技竞争中，任何强大的对手，也有其薄弱之处，即实中有虚；任何很弱的对手，也可能在某一条件下表现出局部的强大，即虚中有实。对于暂处弱势的一方，《孙子兵法》中的"避实击虚"谋略可以成为其以小胜大、以弱胜强的利器。所谓"避实击虚"，即为攻击竞争对手的科技、市场、产品的"少人区""无人区"之虚，努力做到"人无我有，人有我新，人新我优，人优我精，人贵我廉，人廉我弃"。有关《孙子兵法》与科技竞争谋略将会在下面的章节进行详细阐述。因此，领导者要巧用计谋，在虚实转化上下功夫，变自己的"虚"为"实"，用自己的"实"击对手的"虚"。在竞争过程中，善于发现对手的漏洞，乘虚而入、锲而不舍、壮大发展。

身处复杂多变、优胜劣汰的竞争环境中,无论是科学还是技术,无论是产品还是市场,科技竞争者都应多着眼于那些蕴含无穷宝藏的"少人区""无人区",并选择合适的方法去创新科技,去占领市场,去发掘鲜为人知的宝藏。"少人区""无人区"科技谋略是重大发现或发明的突破点;是新兴学科、新兴技术的生长点;是克敌制胜的谋略;是以小胜大,以弱胜强的法宝;是在夹缝中求生存,求发展的谋略。

第4章 《孙子兵法》与科技竞争谋略

《孙子兵法》又称《孙武兵法》《吴孙子兵法》《孙子兵书》《孙武兵书》等，是中国现存最早的兵书，也是世界上最早的军事著作，处处表现了道家与兵家的哲学，共有六千字左右，一共十三篇。《孙子兵法》是中国古代汉族军事文化遗产中的璀璨瑰宝，汉族优秀传统文化的重要组成部分，其内容博大精深，思想精邃富赡，逻辑缜密严谨，是古代汉族军事思想精华的集中体现。

被历代政治家、军事家所推崇并广泛应用的《孙子兵法》堪称"兵学圣典"，其中所蕴涵的兵法智慧不仅仅在军事领域散发光芒，也已经成为商战的强大武器，但至今却很少有人将其运用于科技竞争。当代科技竞争业已步入极其残酷的境地，当今国际竞争，其实质也是科技竞争。因此，各科研单位及科技企业亦无法逃脱优胜劣汰的命运。

面对竞争，科技竞争者似乎难以抓住指导竞争的法则，而《孙子兵法》中的谋略智慧恰恰可以为其指明出路。本书则从此处入手，借《孙子兵法》的七种用兵谋略，将兵法的谋略合理移植到科技领域，研究和制订科技发展、科技竞争的谋略，希望能够帮助现代科技企业迈向成功。

4.1 科技竞争，战略为先

"夫未战而庙算胜者，得算多也；未战而庙算不胜者，得算少也。"

——《计篇》

孙子将《计篇》置于兵法十三篇之首，可谓"用兵之道，用计为先"。所谓计，指计谋、战略，属于战略决策与战略部署的范畴。综合考虑，战略可以理解为指导全局工作、决定全局命运的方针、方式和计划。对于科技企业来说，战略就是其竞争之本，生存之道。在当今激烈的科技、经济和市场竞争中，应当事先制订自身的发展战略，制订国家、地方和本单位的科技发展战略，用计为首，未战先算。

科技企业的竞争策略，就是追求如何让其产品与众不同，如何形成核心竞争力，如何旗帜鲜明地建立自己的品牌。其实施关键点有以下几方面：

第一，要与众不同，切忌盲目跟风。

第二，与众不同的目的是形成核心竞争力而不是单纯追求形式。

第三，核心竞争力的标志是有鲜明的品牌或者有专利等标志性科技成果。

科技企业的战略核心是定位，定位正确就意味着成功了一半。科研单位应针对不同的竞争领域、不同的竞争对手、不同的竞争态势和自身的实力情况，确定自己的战略定位。例如，四川大学稀土及纳米材料研究所的发展战略，首先确定战略目标、定位和研究思维的战略转换，然后投产几千万建立实验室、组建研究人才，现有 211 工程、985 工程、863 计划、国家自然科学基金、军工项目研究近 20 项，数项科技成果也已转产。

4.2 因地制宜，抢占先机

"兵贵速，不贵久。"

——《作战篇》

"善用兵者，役不再籍，粮不三载；取用于国，因粮于敌，故军食可足也。"

——《作战篇》

紧接"计篇"，《孙子兵法》再论作战问题。"作战篇"着重阐明战争的胜负依赖于经济实力的强弱。由于当时社会背景下落后的生产方式和贫乏的物资供应，诸侯国互相吞并的战争又为广大人民所反对，因此提倡速胜，反对持久。又因交通不便，运输困难，提出"因粮于敌"的主张，引申到当代科技竞争中则为"因地制宜"。

科技竞争也要兵贵神速，持久竞争不利于胜利。速战则要求准确把握战机，科技创新时不我待，要抢速度，争时间。"兵贵神速"应运用于科技开发的全过程，包括情报信息要快而准，项目评估决策要果断，技术关键要迅速攻破，研发成果要迅速获得，申报专利要抢占先机，成果转化要把握时机，产业化要快，二次开发要快，抢占市场更要快。兵贵神速，才能占得先机，赢得对手。

顺天时，还要得地利，也就是常说的"因地制宜"。"因地"指地理上的优势，如区位优势、气候条件优势、自然资源优势、人文社会资源优势，等等。我们应沿着"因地制宜"的谋略，充分发挥地理和资源优势，综合地区特色资源进行科技创新，引领区域经济和科技的发展。以地区发展为例，包头利用稀土资源，建立科技园区、打造中国稀土谷；山西利用煤炭资源，建立了太原煤化工研究基地。沿着这种思路，四川则可以依托地区资源优势，实施"反梯度"推进战略，把西部的产品推广中东部地区。

4.3 不战而胜，伐交共赢

"知彼知己，百战不殆。"

——《谋攻篇》

"是故百战百胜，非善之善者也；不战而屈人之兵，善之善者也。"

——《谋攻篇》

"故上兵伐谋，其次伐交，其次伐兵，其下攻城。"

——《谋攻篇》

"知彼知己，百战不殆"这一原则，揭示了战争的一般规律，指出了知彼知己的重要性。要做到知彼知己则要"经之以五，校之以计，而索其情"，对于当代科技竞争，即要从政法道义、天时、地利、将帅、法制等五个方面分析研究，比较我方与对方的优势条件，以探索科技竞争胜负的情势。

现代科技企业领导者应随时研究国家的路线、方针政策、法律法规、国家发展规划，以及国家重大需求动向、科技重点支持领域动向，关注本地优势及国内外同行的研究动向、重点、特色，充分做到"知彼知己"，就将会在激烈竞争中获胜。例如，四川大学"稀土永磁材料"课题的战略决策，该课题集聚天时地利人和：中国稀土存储量世界第一、市场潜力大、技术有可行性等，势必会迅速发展起来。

需要注意的是，"知己知彼"和"知彼知己"有所不同，"己"和"彼"的不同位置代表了两者不同的轻重缓急。在科技竞争中，科技企业更应该"知彼知己"，因为先了解对方的优势、劣势，在商业竞争中就会先得到商机，可以针对客户、竞争对手的这些信息做好计划、做好准备，这样在竞争中抢占了先机。接下来，科技企业再评估自己的实力看能不能抓住机遇，如此就会比竞争对手更快地反应，获得成功的把握就更大，这就是"知彼"在先的好处。

相反，如果先"知己"，仅单纯地评估自己的实力、优势、劣势，对客户、竞争对手的信息不去了解，在战略实施时就会有畏缩感，面临新的机会也将难以做出决定，这样，就很可能会失去机会。因此，"知彼"比"知己"更重要。

孙子在总结和研究各类战争经验的基础上，提出了"不战而屈人之兵"为谋略的最高原则，其意指可以不用交战的办法，而用伐谋用计和伐交手段迫使敌人屈服，在科技竞争中可将其引申为以最小的代价获取最大的利益。

在科技竞争中，"不战而屈人之兵"的谋略可以通过以下途径实现：

第一，利用智谋，采用政治、外交、经济、资源、科学技术等综合手段战胜对手。

第二，通过有效警告、情绪性宣告或威胁性宣告等方式，兵不血刃地击退竞争者。

第三，通过谈判协商等方式，使双方达成一致，避免恶性竞争。

第四，采用科技合作或战略联盟的方式进行联合，实现共赢共存。

第五，以适当方式造势威慑，将"国之利器示于人"，实现不战而屈人之兵。

其中，巧妙运用外交途径，即"伐交"，形成科技组织之间的合作或组织企业联盟，以战胜对手。竞争联合会形成两大效应：集富效应和马太效应。这样导致的结果可能会是优势资源向竞争力强、绩效显著、创新贡献大的优秀团队富集，也可能"愈强愈强、愈富愈富"、加剧竞争的不公平，加剧富集效应。例如，爱迪生1879年以白炽灯的发明人而闻名天下，但约瑟夫·斯旺1878年也成功展示了一盏用碳丝白炽灯，比爱迪生的发明早了一年。

于是，两人对簿公堂。经过激烈斗争后两人化干戈为玉帛，并于19 世纪 80 年代联合起来成立了美国通用电气公司，成为世界著名的大公司。

4.4 先发制人，后发制胜

"凡先处战地而待敌者佚，后处战地而趋战者劳。"

——《虚实篇》

"善用兵者，避其锐气，击其惰归，此治气者也。故迂其途，而诱之以利，后人发，先人至，此知迂直之计也。"

——《军争篇》

所谓"先处战地"，便是抢在敌人前面占据有利形势。战争中最讲究先发制人。《兵经百字·上卷智部》上说："兵有先天，有先机，有先手，有先声……先为最，先天之用尤为最，能用先者，能用全经矣。"抢占先机是赢得战斗的关键，也是兵法中的重要原则。

在科技竞争中，通常采用的领先战略就是"先发制人"的谋略。实行领先创新战略，不同科技企业有不同的开发重点。企业要技术领先，就要不断进步创新，要在技术上立于先驱地位，做到所推出的创新性技术或产品最好是稀有的、难于模仿的和无法替代的。科技研发领域，"先发制人"就是在别人之前率先推出新理论、新概念、新技术、新产品、新材料的研发成果，在学术界"先声夺人"就要有获得公众认可的技术优势或研究理论。

　　先发制人的根本是要不断创新，创新的类型有原始创新、集成创新和自主创新，其中自主创新是企业技术创新的最高境界，是企业成为高技术产业领先者和市场领袖的基本条件。自主创新是相对于技术引进、模仿而言的一种创造活动，是指通过拥有自主知识产权的独特的核心技术以及在此基础上实现新产品的价值的过程。创新所需的核心技术来源于内部的技术突破，摆脱技术引进、技术模仿对外部技术的依赖，依靠自身力量、通过独立的研究开发活动而获得的，其本质就是牢牢把握创新核心环节的主动权，掌握核心技术的所有权。自主创新的成果，一般体现为新的科学发现以及拥有自主知识产权的技术、产品、品牌等。自主创新成果要利用专利进行保护，防止跟随者仿制，保护自身知识产权优势，在竞争中保持领先地位。

　　先发制人固然有先声夺人的气势，但同时也有投资大、风险大等缺点。而后发制人则是一种"避其锐气"的谋略，一般来说是当我方处于逆境而对方处于有利地位时所采取的一种躲避谋略。在激烈的竞争中，明智的领导者绝不能意气用事，只求攻，不求守，特别是面对实力强大的对手，更要注意避其锐气，以待其竭。

　　在科技竞争中，后发制人的谋略可以通过技术引进、模仿跟随等途径实现，但是要注意的是后发制人依旧必须持续创新。当市场上出现成功的新产品时，后发制人者单纯仿造是难以后来居上的，但若对其研究，发现现有产品的缺点并加以改进创新，推出成本更低、品质更好的新产品，那么必然会迅速占领市场，取得优势。

先发制人，后发制胜并不是完全孤立的，二者相互融合，相互联系。例如，技术领先者推出的创新型技术和产品面世时，总是先声夺人。而后来者则可避其锐气，紧随其后，找出领先者的弱点并加以创新，实现后来居上。

4.5 避实击虚，出奇制胜

> "夫兵行象水，水之形，避高而趋下；兵之形，避实而击虚。"
>
> ——《虚实篇》

> "凡战者，以正合，以奇胜。"
>
> ——《势篇》

任何强大的对手，也有其薄弱之处，任何弱小的对手，也可能在某个时间、某个地点、某个方面、某一研究领域中表现出局部的强大。因此，领导者要善于巧用计谋，变自己的"虚"为"实"，用自己的"实"击"虚"。

在科技竞争中，"避实击虚"这条策略我们可将其理解为击"少人区"和"无人区"之虚。"无人区"是指当前尚不存在、未知的科学、技术及相关的科技企业、产品及市场空间。"少人区"是指当前涉足较少的科研领域、科技企业、产品及市场空间。

以多晶硅为例，据调查显示，目前四川省多晶硅产能过剩，太多的资源投入到这个领域，多晶硅此时变成了"多人区"，然而在几年前多晶硅还属于"少人区"甚至"无人区"，那时从事多晶硅产业的企业则有着良好的经营成果。所以，我们要努力寻找行业里的"少人区"或者"无人区"，这样才能在竞争中取胜。

"无人区"和"少人区"原理适用于科学领域、技术领域、产品领域和市场领域。我们可以通过多种方法来寻找这些领域的"无人区"和"少人区"。

通过科学、技术领域的交叉创新寻找新学科及新的研究领域，例如，将社会科学中的社会学与自然科学中的心理学交叉创新，得出社会心理学这个新学科，通过将生物医学与材料学交叉创新，进入生物医学材料学领域等。

通过类比、联想、移植和交叉突破等方法寻找新领域、新学科，其关键是发现彼此间的相关性。例如，由金属导电联想到如何使陶瓷导电，就此研究产生了导电陶瓷，而美国科学家艾伦·黑格、艾伦·马克迪尔米德和日本科学家白川英树则将此类比研究继续下去，凭借"导电聚合物的合成"获得2000年诺贝尔化学奖；瑞士物理化学家恩斯特教授所带领的研究团队巧妙地将核磁共振技术移植到诊断探测人体病灶方面，最终发明了核磁共振扫描仪，并凭借此获得1991年诺贝尔化学奖。

通过辐射分析来寻找新领域，将某一新兴科学或技术辐射移植到相关多个领域，然后进行检索分析，发现其中之"无人区"或"少人区"。例如，在英国生物学家通过克隆技术克隆出一头绵羊后，世界各国的科学家便开始进行克隆领域的探索，我国已用此种方法"克隆"了老鼠、兔子、山羊、牛、猪等哺乳动物，这就是辐射分析法的运用。

通过挑战极限来发展新领域，科学技术总是在不断进步，因此，科技竞争者们必然总是希望在现有基础上不断进行升级，这就将促使研究者们去挑战极限。例如，据预测 2010 年前后当硅集成电路的特征线宽减小到 50 nm 后，微电子器件将接近物理极限。对此，科技界的对策是什么？解决这个问题的过程就是在挑战极限，而这个研究领域恰恰就是一个"无人区"或是"少人区"。

单纯把握"无人区"与"少人区"还不够，在技术开发、新产品研制的项目选择时，建议选择符合以下三个条件的项目，即在技术（产品）上的"少人区""无人区"，在用户上的"多人区"，在经济上的"高效区"。这就要求我们要从以下几方面对研究开发项目进行考核（表 4-1）。

表 4-1　研究开发项目考核指标

	评价内容	评价指标
技术先进性	发明的优点	提高企业竞争力 可应用于不止一个产品领域 为企业新业务奠定基础 判断：从高到低
	竞争优势的持续	如果一个项目易被他人模仿则持续时间短，反之则长 判断：多少年？
	项目技术水平	先进性：国际领先，国际先进，国内领先，国内先进 技术含量：高与低 判断：从高技术到一般技术

续表

		评价内容	评价指标
技术可行性	技术成功的可能性	发明成果阶段, 小试、中试、批量生产
		发明成果转化为产品的可行性
		判断: 成功的可能性
	商业成功的可能性	发明成果转化规模生产的商品的可行性
		产品商业运作的可能性
		判断: 难易程度, 成功的可能性
市场分析	市场需求预测	用户规模大小
		近期? 中期? 远景潜力多大?
		市场地区, 国内, 国外, 城市或乡村
	发明产品的市场沉没期	从产品发明时间起到被用户认同和接受的时间段, 称为沉没期
		判断: 多少年?
经济可行性	研究开发成本及时间推销及规模生产的投资回报率经济指标	投入产出比, 盈亏平衡点, 投资成本回收期

在竞争中不仅要对竞争对手做到"避实击虚",还要做到"避我之虚,扬我之实",亦即"避虚就实"。攻击竞争对手最薄弱的环节,寻找方向,另辟蹊径,以我之长,攻其之短。亦可采用"扬短抑长"的策略,即将我方长处隐藏起来,示敌以弱,迷惑对手,最终伺机取胜,而此时则要通过"出奇"来制胜。

科技竞争中要奇正相生,例如,老产品为正,新产品为奇,当开发新产品时,老产品还是不可轻易丢弃。出奇制胜主要体现在科技创新,如技术创新、体制创新、管理创新及其相互结合。

要做他人没有做过的事，开拓他人没有开拓的新领域，要培育自身核心竞争力，打造自身特色，要努力做到"人无我有，人有我新，人新我优，人优我精，人贵我廉，人廉我弃"。

"避实击虚，出奇制胜"的前提是要"知彼知己"，明确对手的优势和劣势。同时，竞争对手也有强弱之分，以己之长攻其之短，出其不意攻其不备，还能达到以弱胜强的目的。

4.6 敌变我变，人才制胜

"故兵无常势，水无常形；能因敌变化而取胜者，谓之神。"

——《虚实篇》

"故善战者，求之于势，不责于人，故能择人而任势。"

——《势篇》

"将者，智、信、仁、勇、严也。"

——《计篇》

如今我们处于一个不断变化的时代，科学技术在飞速发展，科技单位和企业经营环境处在不断改变之中，这都不断地向科技单位和企业提出了新的挑战。而应对这一切挑战的秘诀就是"敌变我变，变中取胜"。从制订发展战略，选择战略目标，战略重点，研究策略，到实施计划，全过程都应随客观形势、环境、市场、竞争对手和科技前沿的变化而变化，要增强自身的动态应变能力，及时采取应变战略（图 4-1）。

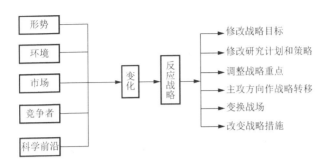

图 4-1　实施应变战略流程框图

成功的组织一定要有成功的战略，而成功战略一定要有成功的领导者。领导者是实施战略的决策者、指挥者，对战略的成败负有主要责任。而《孙子兵法》中所提出的大将五德：智、信、仁、勇、严，用其衡量科技领导者，可以作如下解释。

智：智慧才能、专业水平、思维能力、创新能力、应变能力；信：言而有信、取信于人、诚实待人、信赖下属、诚信为本；仁：仁爱为怀、体谅下属、注重沟通、人性管理；勇：决策果断、处事干练、勇于改革、勇于创新；严：严明法纪、刚正不阿。

然而，优秀的领导者固然重要，但人才亦不可忽视。科技竞争，归根到底其实就是人才的竞争，应积极推行"人才强国""人才强企"战略，尊重劳动、尊重知识、尊重人才，要千方百计吸引人才、汇聚人才，要择人任势、合理用人，营造"以人为本，崇尚科学，追求卓越"的氛围，构建一个良好的平台供科技人才发挥发展。要聚团队之众、学科之众，要产学研结合，构建联盟去应对更大的竞争。

　　当代科技竞争要求我们能够构建一支优秀高效的团队，拥有一位具有动态应变能力的领导者，以人才竞争为基础，时刻审视竞争对手以及外界形势、环境、市场等发生的变化，快速反应及时调整，做到"敌变我变，人才制胜"。

　　"运筹帷幄，决胜千里，用谋定计，高瞻远瞩，避实击虚，出奇制胜，竞争合作，敌变我变，人才制胜。"《孙子兵法》乃兵家之经典，亦是国学之经典，面对日趋喧繁浮躁的竞争，希望广大科研工作者及企业家能够潜心温习经典，并从古人智慧中汲取对今日之竞争具有积极指导意义的经验，做到从精英到领袖，从优秀到卓越。

第5章 从"点石成金"到现代点金术

5.1 "点石成金"的由来及引申

"点石成金"这一典故来自佚名《列仙传》，原文是："许逊，南昌人，晋初旌阳令，点石成金，以足赋。"根据《成语典故总集》对"点石成金"典故的释义："用手指点石头，石头变成金子。比喻把差的东西变成好的东西。"现代引申为人们能有效地利用创新思维，化腐朽为神奇，把差的东西经过某种特殊的处理转变为有价值的好东西。

5.2 "点石成金"的原理

"点石成金"中的"石"可以引申为任何客观存在的实物，比如常见的矿石、沙子、煤以及废弃的垃圾等。"点"代表指点、点化的意思，可以引申为一个好的创意、想法或方法等。"金"所代表的是有价值的东西，引申为具有高附加值或技术含量的产品，"点石成金"示意图如图5-1所示。"点石成金"寓意将现有的产品和技术或已被淘汰的产品和技术，通过技术创新，变成有用的产品和技术，提高其附加值，从而产生出新材料和新产品。

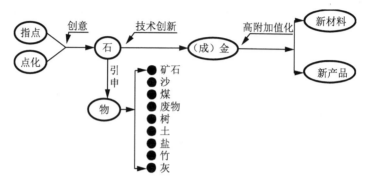

图 5-1 "点石成金"示意图

5.3 由"点石成金"到"点技成金"

当前，科技创新能力已成为国家综合实力最关键的体现。在经济全球化时代，一个国家具有较强的科技创新能力，就能在世界产业分工链条中处于有利位置，就能在世界各国经济竞争中处于不败之地，就能创造激活国家经济的新产业，就能拥有重要的自主知识产权而引领社会的不断发展。总之，科技创新能力是当前一个国家综合实力的体现，提高科技创新能力就是提升我国的综合实力。

科学技术是第一生产力，所以我们也可以说"点技成金"，意在表示高新技术的重要性和魔力所在。某一创意，可通过一定的改进，可成为一种技术，有了技术，就有了产品。然而，随着人们生活水平的提高和科技的进步，旧产品必将被淘汰，于是需要对原有的技术进行改进和创新。随着对旧技术的不断创新，新的产品也会随之而出现，进入市场，满足人们日常生活需求，达到通过技术创新创造生产力的目的，即"点技成金"，"点技成金"示意图如图 5-2 所示。例如，就材料领域而言，通过改进或者改良一些新技术可以改变或大大改进某一材料的特殊功能，而获得具有特定价值的功能性材料，材料的"点技成金"示意图如图 5-3 所示。

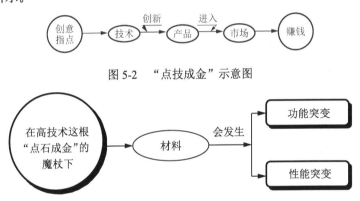

图 5-2 "点技成金"示意图

图 5-3 材料的"点技成金"示意图

5.4 "变废为宝"

在马克思生活的年代里，虽还不存在环境污染问题，可他已就废物利用问题，在《资本论》中作了如下三点论述：

（1）废物的大量性——大量废物因大规模生产而产生。

（2）机械装置的改进——由于机械装置的改进把某些按原来形状无法利用的材料，变成生产中可以利用的新形状的材料。

（3）由于科学技术，特别是化学的进步，发现了废物可利用的新性质，因而开发了利用废物的新技术。

从马克思的预言到今天，我们面临着严重的问题——环境污染，看来，开发革新性的新技术，是既能解决环境污染，又能回收废物，变废为宝，一箭双雕的好办法。

废物利用新构想包括废弃物的再循环、再利用和再制造等多个方面，用流程图 5-4 表示如下。

图 5-4　"变废为宝"流程图

5.5　"现代点金术"及其应用

5.5.1 "现代点金术"的原理及方法

为了追求更高的经济效益或者提高办事的效率，社会发展的各行各业都需要点金术。所以"点石成金"就有了以上所提及的众多引申含义，所有这一切被称之为"现代点金术"。

"现代点金术"的实施方法和步骤可以分为以下几个不同的阶段：首先要对物质作具体的分析，搞清其可能存在的应用价值和前景。然后针对物质的特点和分析的结果，采用先进的技术把物质转变为可以市场化的产品或者商品，而高新技术的获得可以通过开展应用型基础研究，研制开发成套技术设备及综合利用技术装备等手段得以实现。

5.5.2 石英砂的"现代点金术"

我们可以通过从石英砂中获取硅集成电路工业中所需的单晶硅片的实例说明现代点金术的巨大魔力所在，见图5-5。

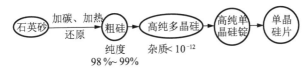

图5-5 由石英砂到单晶硅的转变过程

石英砂是一种非金属矿物质，是一种坚硬、耐磨、化学性能稳定的硅酸盐矿物，其主要矿物成分是 SiO_2。在加热的反应条件下，二氧化硅可以与单质碳发生还原反应而获得纯度为 98%～99%的粗硅产品。然后经过进一步的还原和纯化反应，可以获取含有微量杂质的高纯多晶硅。由于单晶硅和多晶硅有着很大的区别，所以由高纯多晶硅到高纯单晶硅的转化是十分必要的。其主要区别在于，当熔融的单质硅凝固时，硅原子以金刚石晶格排列成众多晶核，如果晶核生长成晶面取向相同的晶粒，则形成单晶硅。如果晶核长成晶面取向不同的晶粒，则形成多晶硅。二者在物理性质方面有着很大的差异。例如，在力学性质、电学性质等方面，多晶硅均不如单晶硅。单晶硅可算得上是世界上最纯净的物质了，一般的半导体器件要求硅的纯度六个 9 以上。大规模集成电路的要求更高，硅的纯度必须达到九个 9。正是基于以上的特殊性能使得单晶硅成为电子计算机、自动控制系统等现代科学技术中重要的基本材料。从多晶硅到高纯单晶硅的转变则需要先进的科学技术和完整的工艺流程。正是由于其很高的技术门槛，才使得二者在价格方面有了巨大的差异，单晶硅的价格大约在1600～4000元/kg 的范围之内。由最初的看似普通的石英砂到具有很高价值的单晶硅,其根本的原因在于高新技术的一系列应用,其过程很好地阐释了现代点金术的巨大魔力。

5.5.3 医药领域的"点树成金"

"现代点金术"的实例应用遍布各个不同的领域，但它们的原理都是大同小异的，以非常普通的物质为原材料，经过一系列的物理或者化学的处理过程，提取其中具有重要价值的部分，经过一系列的工艺过程，将其制备出具有巨大市场化潜力的产品或者商品，而其价值由最初的原材料到产品有了几十倍甚至上百倍的提升。整个过程通常涉及一些重要的技术创新，如制备技术。新技术的引进或者革新大大提升了物质的附加值，使其成为具有高技术含量,高附加值的商品。在医疗领域就存在"点树成金"的实例，见图 5-6。

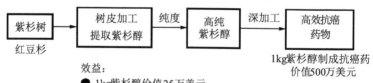

图 5-6　从紫杉树提取紫杉醇

紫杉醇（Paclitaxel，Taxol），其化学结构式见图 5-7 所示，是

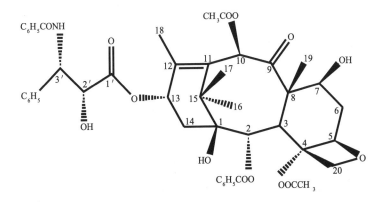

图 5-7 紫杉醇的化学结构式

一种具有紫杉烷独特骨架的二萜类有机化合物，由于其良好的抗癌活性和独特的作用机制而广受关注。最早是由美国化学家 Wani 和 Wall 于 1971 年从太平洋红豆杉的树皮中提取到的一种具有抗肿瘤活性的物质。它本身具有独特的抗癌机制，其作用位点为有丝分裂和细胞周期中至关重要的微管蛋白。紫杉醇能促进微管蛋白聚合而形成稳定的微管，并抑制微管的解聚，从而抑制细胞的有丝分裂，最终导致癌细胞的死亡。紫杉醇于 1992 年 12 月被美国 FDA 批准用于治疗晚期卵巢癌。1994 年，批准用于治疗转移性乳腺癌。紫杉醇是目前国际公认的疗效显著的抗肿瘤药物之一。正是其独特的抗癌活性，其价格也是不菲。

　　紫杉醇的来源最初以天然提取为主，主要是从由红豆杉属植物的树皮中分离得到，紫杉树见图 5-8。红豆杉植物是生长极为缓慢的乔木或灌木，其树皮中紫杉醇的含量平均为万分之一点五，从中提取紫杉醇的收率大约为万分之一。树皮经过粉碎、萃取等

图 5-8 紫杉树

一系列的化学处理，可以从中获取含有紫杉醇的提取物。然后去除胶质除去提取物中的胶质杂质以及进一步的分离纯化精制，其中涉及很多不同的方法，如柱层析法、薄层色谱法以及化学反应法等，就可以得到高纯的紫杉醇。其可以作为生产抗癌药物的原料，深加工的化学以及药物制备的过程富含很高的技术含量。但整个过程仍然包含了现代点金术的思想和精髓，即由看似普通的红豆杉树皮经过一系列的加工，采用先进的化学或者药物制备技术而获得具有高附加值和巨大价值的抗癌药物，大大延长了癌症患者的生命，为人类的健康作出了巨大的贡献。

5.5.4 对废弃电子主板的"点灰成金"

当前，如何将废弃电子垃圾变废为宝，变成有用的东西，是摆在广大科技者面前亟待解决的首要问题。由于电子垃圾对环境造成极大破坏和污染，因此，需要我们寻找一条回收电子垃圾并能够综合处理的方法。目前，国内已有部分企业，回收电子垃圾产品，利用变废为宝思路，对电子垃圾进行回收处理，提取具有更高应用价值的有用成分，我们将这个过程叫做"点灰成金"，见图5-9。

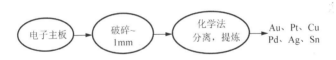

图 5-9　对废弃电子主板的"点灰成金"

利用"点灰成金"的思路，进门时还是一堆堆废电路板或是废弃电脑，出门时就变成了金条，这不是在做梦，而是现实。例如，上海首家专业电子废弃物处理厂，"吃"的是电子垃圾，"吐"出的却是金、铂、银等宝贝，并几乎不产生噪声、灰尘和污水，而其设计年处理量将达到1万吨。

对废弃电子主板的"点灰成金"可分为以下三步曲：旧电脑先是在室内仓库里被分选出来进行人工分拆，之后金属机壳回收，显示器单独处理，主板等电路板进入第二关——在物理车间破碎为1mm左右的微粒，一些铁制的成分，在传送带上就被磁铁先行分离；第三关——是化学车间的"点灰成金"，在强酸、电解、高温等作用下，微粒中的金、铂、银、钯等贵重金属被分门别类提炼出来，做成金条、含银液体等。

据悉，1吨电子板卡可分离出286磅铜（Cu）、1磅金（Au）和44磅锡（Sn）。

5.5.5 美钞竟是用"垃圾"制造的

美钞竟是用"垃圾"制造的，这是"垃圾"利用的典型例子，见图5-10。1979年，美国政府决定由财政部向全国发出通告，希望造纸厂前去投标，供应制造美钞的专用纸。中标的是一家名不见经传、小得不能再小的克兰造纸公司。这家公司所造纸张价格低廉，且纸型光洁，厚薄均匀，坚固耐磨，受潮不变形。在以后十多年中，美国政府几次想用更好的纸代替，但克兰造纸公司却稳操胜券，独揽合同。

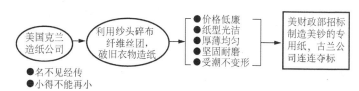

图 5-10 美钞由垃圾制造而成

这家公司造纸原料来自两个途径：一是纺织行业的纱头碎布、纤维尖屑和废弃的丝团垃圾，二是美国家庭丢弃垃圾中的破旧衣物，该公司收集后予以处理利用。

5.5.6 美国自由女神像翻修时的垃圾妙用

美国的自由女神是一个标志性的建筑，一次女神铜像翻新后，现场留下 2000 多吨垃圾，必须清除，而垃圾场又远离现场，因此许多人不愿意承揽这项业务，认为利润不大。而一个叫斯塔克的人却积极承包了这项处理垃圾的工作，他并不是把垃圾运到很远的垃圾场去，而是就地将废料分类，制成与女神铜像有关的纪念品。比如，将废铜铸成纪念币，将水泥块制成精美的小石碑，将碎木土等也包装放在精致的盒子里。这样，借助女神像在人们心目中的声望而赋予这些垃圾身价倍增，所制成的纪念品十分畅销，斯塔克因此大发其财。

5.5.7 生物技术用"绿金"替代"黑金"

石油为不可再生资源，石油的生成至少需要 200 万年的时间，在现今已发现的油藏中，时间最老的达 5 亿年之久。有些石油是在侏罗纪就生成了。在地球不断演化的漫长历史过程中，有一些"特殊"时期，如古生代和中生代，大量的植物和动物死亡后，构成其身体的有机物质不断分解，与泥沙或碳酸质沉淀物等物质混合组成沉积层。由于沉积物不断地堆积加厚，导致温度和压力上升，随着这种过程的不断进行，沉积层变为沉积岩，进而形成沉积盆地，这就为石油的生成提供了基本的地质环境。

建立资源节约型国民经济体系和资源节约型社会是关系我国经济社会发展全局的一个重大战略问题。全面构建社会主义和谐社会需要社会全面发展，发展离不开经济发展作后盾。石油工业是经济发展的血液，但是，石油属于不可再生资源，因此，发展石油工业必须落实科学发展观，走资源节约型之路。作为国家经济支柱型企业的中国石油集团，要把党中央、国务院提出的建立资源节约型国民经济体系和资源节约型社会的伟大工程，落实到自己工作的实处，最重要的是用什么样的发展观来发展我们的石油工业。中国石油集团要承担起建设节约型社会的历史责任，就必须走科学发展之路。

我们可以选择一些植物，如麻风树、秸秆、甘蔗渣秆等，提取其生物柴油，来代替当前使用的石油和柴油等不可再生资源。研究发现，麻风树种子含油量可达 60%，一亩地最高可产 100kg 植物油。生物技术用"绿金"替代"黑金"的原理见图 5-11。

图 5-11　生物技术用"绿金"替代"黑金"

5.5.8 先进垃圾焚烧发电技术"点废（垃圾）成金"

废纸、旧物、残渣，居民日常生活产生的生活垃圾在科技的"点化"下，会经历怎样的华丽变身？通过垃圾焚烧发电技术，可将人人嫌弃的恶臭垃圾变为人们日常生活所需的电力，其示意图见图 5-12。

垃圾焚烧发电是近 30 年发展起来的新技术，特别是 20 世纪

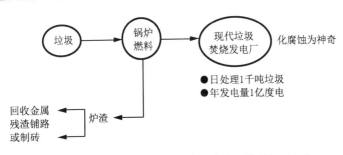

图 5-12 先进垃圾焚烧发电技术"点废（垃圾）成金"

70 年代以来，由于资源和能源危机的影响，发达国家对垃圾采取了"资源化"方针，垃圾处理不断向"资源化"发展，垃圾电站在发达国家迅猛发展。最先利用垃圾发电的是德国和美国。1965年，西德就已建有垃圾焚烧炉 7 台，垃圾焚烧量每年达 7.8 吨，垃圾发电受益人口为 245 万；到 1985 年，垃圾焚烧炉已增至 46台，垃圾年焚烧量为 8106 吨，可向 2120 万人供电，受益人口占总人口的 34.3%。法国共有垃圾焚烧炉约 300 台，可以烧掉 40%的城市垃圾。目前，法国首都已建有一个较完善的垃圾处理系统，有 4 个垃圾焚烧厂，处理垃圾已超过 170 万吨/年，产生相当于 20万吨石油能源的蒸气，供巴黎市使用。美国自 20 世纪 80 年代起投资 70 亿美元，兴建 90 座垃圾焚烧厂，年处理垃圾总能力达到3000 万吨，90 年代将新建 402 座垃圾焚烧厂；90 年代初，美国垃圾焚烧发电占总垃圾处理量的 18%。美国的底特律市拥有世界上最大的日处理垃圾 4000 吨的垃圾发电厂。日本城市垃圾焚烧发电技术发展很快，1989 年焚烧处理的比例已占总量的 73.9%，90年代升至 84%。

总之，通过以上的实例分析很好地阐释了现代点金术在材料和医药领域的应用。化学工业以及我们生活的方方面面中包含点金术思想精髓的列子可谓比比皆是。如果我们能够把其思想发扬光大，任何物质都可以物尽其用，发挥自身的价值，从而更好地为社会发展作出贡献。

5.5.9 以纳米技术为出发点的点"技"成金

纳米技术(nanotechnology)，也称毫微技术，是研究结构尺寸在 0.1~100nm 范围内材料的性质和应用的一种技术。纳米技术是以纳米材料为基础的。纳米材料通常被定义为颗粒或尺寸至少在一维尺度上小于 100nm 且具有优于一般材料的电学、磁学、光学、化学或力学性能的一类材料体系。纳米技术是一门通过组建和利用纳米材料来实现特有功能和智能作用的高科技先进技术。纳米材料是一门在原子级设计和组建新型材料的学科。纳米材料在晶粒尺寸、表面与体内原子数比和晶粒形状等方面与一般材料都有所不同。这些材料的奇异性能是由其本身原子尺度上的结构、特殊的界面和表面结构等众多因素所共同决定的。

纳米技术是一门交叉性很强的综合学科，研究的内容涉及现代科技的众多领域。纳米科学与技术主要包括：纳米体系物理学、纳米化学、纳米材料学、纳米生物学、纳米电子学、纳米加工学、纳米力学等。正是基于其所具有的独特性能和可能的广泛应用，纳米技术被誉为继蒸汽机和晶体管出现后的第三次产业革命。

纳米材料作为一种新兴的材料，具有一些独特的功能和性质。

如果把纳米技术应用于一些传统产业，可能大大提升其产业的规模和效益，从而收到点石成金的奇效。我们所在的四川大学稀土及纳米材料研究所对此多了一些实践工作，见图5-13。其工作涉及不同的物质，从常见的绿豆岩、石英石到稀土材料。以绿豆岩原矿为例，见图5-14，从中可以提取金属钾、金属镁以及二氧化硅等。其中的 SiO_2 经过进一步处理可以得到活性 SiO_2。经过机械粉碎等方法可以获得颗粒大小不同的微米 SiO_2 和纳米分子筛等。颗粒大小在 2～60 nm 范围内的介孔可以经过一系列的处理而最终获得纳米 SiO_2，其应用价值也有了根本性的改变。充分体现了纳米可以对传统产业的提升。

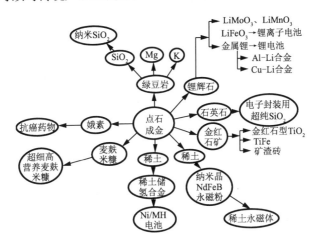

图 5-13　四川大学稀土及纳米材料研究所的"点石成金"实践

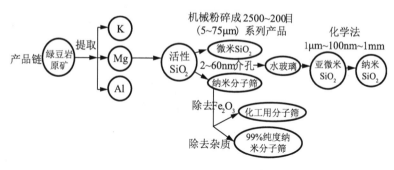

图 5-14　用精细化工技术点"绿豆岩"为金

化学元素周期表中镧系元素——镧(La)、铈(Ce)、镨(Pr)、钕(Nd)、钷(Pm)、钐(Sm)、铕(Eu)、钆(Gd)、铽(Tb)、镝(Dy)、钬(Ho)、铒(Er)、铥(Tm)、镱(Yb)、镥(Lu)，以及与镧系的 15 个元素密切相关的两个元素——钪(Sc)和钇(Y)共 17 种元素，称为稀土元素（Rare Earth）。稀土元素在石油、化工、冶金、纺织、陶瓷、玻璃、永磁材料等领域都得到了广泛的应用，随着科技的进步和应用技术的不断突破，稀土氧化物的价值将越来越大。一些稀土元素因为其独特的光、电、磁特性而在新材料领域有广泛的应用。

近年来，随着纳米技术的发展，纳米晶稀土永磁材料成为一种新型的永磁体，具有高剩磁、高磁能积和相对高的矫顽力以及低的稀土含量和较好的化学稳定性，是一种有广泛应用前景的廉价稀土永磁材料。纳米晶稀土永磁与传统永磁不同，随着晶粒尺寸的减小，比表面积增大，晶间交换耦合作用显著增强，在传统永磁中可以合理忽略的晶间交换耦合作用，在纳米晶稀土永磁中则显得十分重要。此类新型就是以轻稀土为原材料，运用纳米新材料技术而获得的。具体的流程如图 5-15 所示，首先从轻稀土中提取稀土氧化物 Nd_2O_3，然后从其氧化物中得到纯的金属钕，通过一系列的化学工艺熔体快淬法或者机械合金化法制备出 NdFeB 磁粉，然后可以通过烧结、黏结、热压等方法制成纳米晶稀土永磁体。其中所产生的巨大经济效益如图中所示。

图 5-15　运用新材料技术，点"稀土"成金

我们已经和一些企业合作开发出了其相应的最终产品，主要合作企业包括成都银河磁体股份公司和绵阳思创科技公司，而且已经形成了具有一定生产规模的纳米晶稀土永磁材料产品链及产业链。总之，我们所做的工作中还有其他众多的通过纳米技术而点石成金的列子，不在此一一列举。

纳米科学作为一门新兴的学科，它的蓬勃发展也为人类提供了一些前所未有的历史机遇。纳米材料作为一种性质独特的功能性材料而备受关注，它的合成要求达到结构、形状和表面状态等多个方面可控。只有达到结构可控才能实现其性能可控。性能的功能化和智能化是纳米材料的两个基本特点，而要达到上述要求其发展还有很长的路要走。纳米技术对人类文明提出挑战但也给予了机遇。纳米技术要求我们从纳米尺度去设计和创造世界。这么高的要求迫使我们开发新的材料，探索新的器件，创造史无前例的科学。随着纳米技术的发展和日益完善成熟，越来越多的新技术可以用来作为点石成金的武器，为社会创造更多的财富，更好地为人类健康和生活服务。

在现代科技创新和社会发展中，只要我们把握了物质、技术、产品、工艺等其中的精髓，运用"点石成金"的原理，任何有价值的普通物质都可以经过技术或者思想创新而转化为具有更高附加值的市场化的商品或者产品，为社会带来可观的经济效益。

第6章　从美学的角度看科学与艺术

本章融合科学与艺术的美学观，介绍科学家的美学思想。在创造发明过程中，将科学与艺术有机结合，将会对科技工作者进行科技创新具有重要的指导作用，往往会取得显著的成果。

在多年的教学科研实践中，得出如下总结：科学中的艺术美（七分科学，三分艺术）、科技工作者要有艺术修养；高等教育要打破文理隔绝，做到文理兼修、文理兼备。将科学美与艺术美有机结合，对于提高大学生综合素质、提高科技工作者的艺术修养都具有重要的指导意义。目前，一批学者正在致力于研究科学美与艺术美、科学与艺术对话、不同质的美有相同的表现形式、科学与艺术同行。这些研究将丰富科学与艺术交叉的内容，推动科学与艺术的融合，引领科技工作者提高艺术修养。

科学和艺术拥有共同的简洁美、对称美、比例美、有序美、真善美等，科学美中有艺术，艺术美中有科学。现代科技与现代艺术正在互相渗透、互相沟通，重新综合为交叉学科和综合艺术。现代大学教育应文理兼修、文理兼备。美，既是一种客观存在，也是一种主观感觉。艺术家创造心中之美、想象之美，科学家发现自然之美、科学之美；艺术家看银河——气势纵横苍穹，科学家看银河——宇宙和谐统一。科学美、艺术美，皆源于自然之美。

艺术家设计、造型追求曲线形、流线型的艺术美，在科学领域也有着相似的美。

图 6-1　太极图

我国古代太极图有"ↀ"形曲线美，见图 6-1，宇宙中的旋转星系如同太极图一样，也有"ↀ"型的曲线美，大熊座旋涡星系和银河系平面图都具有多条"S"型或反"S"型旋臂。微观世界也是如此——遗传基因 DNA 分子双螺旋结构模型亦具太极图的曲线美。科学美与艺术美有着极其相似之处，有内在相关性，两者"碰撞"产生灿烂的火花。

6.1　科学美

科学美，是科学家的思维规律与思维艺术碰撞的火花，是科学家的理性创造与自然美的和谐统一。科学美显示出自然界内在的美，只有具有相当知识水平的人才能欣赏这种美，科学家看星系、宇宙、粒子运动等都蕴藏着美的特质。科学之美，是自然界的合唱队——相反的、极度的和中等的自然之声唱出统一的、多美的音乐，是和谐统一的美，只有热爱科学的人，才能欣赏这种美。科学家爱科学而感到科学的美，科学的美使科学家爱科学。科学家对科学美的追求，支配着科学家的直觉，支配着科学家的科学研究过程，推动重大理论的突破。

科学美有以下表现：

科学简洁美。物质运动遵循简单性原理，可以用简易方法完成的事情就不用麻烦的方法去做。科学美表现出从尽可能简单的前提推导出尽可能众多的结论。欧几里德几何学从几条公理演绎推理，建造出富丽堂皇的几何学大厦；质能方程"$E = mc^2$"何等简洁，却表达了物质质量与能量间转化所遵循的规律。这种美就是科学的简洁之美。

科学对称美。金刚石打磨后璀璨夺目，其内在结构犹如金字塔般优美壮观。物质晶体、分子、原子结构对称协调性，牛胰岛素分子结构（图6-2）的对称性，都蕴藏着科学的对称美。有规律地重复也是对称美，如元素周期表是对称之美，生物学中 DNA 双螺旋结构优美的"∽"形、曲线形、流线型也是对称美。

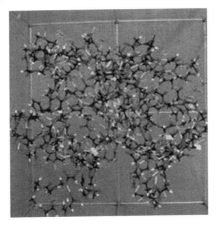

图6-2　牛胰岛素分子结构模型

科学比例美。线段 *AB* 上的一点 *C*,使 $AC:CB = CB:AB \approx$ 0.618,则 *C* 点为黄金分割点。黄金分割表现了一种和谐的比例,颇具视觉美感,将其向科学和艺术领域推广。人体之美,因有黄金分割:成人的肚脐位于身高的黄金分割点,人的眼睛、鼻端是面部长度的黄金分割点,肘关节是臂长的黄金分割点,膝关节是腿长的黄金分割点,等等。例如,古埃及金字塔的建造也体现科学比例美,图 6-3。

图 6-3　金字塔

科学有序美。科学家通过科研工作、科研发现,利用图表、公式、原理等,使看似混乱实则有内在规律之美,以简洁有序的方式呈现出来,表现科学的有序美,元素周期表、日心说和生物树谱等都是科学有序美的精品。例如,图 6-4 是不同蛋白质分子的不同结构,但都有独特有序结构。

科学真善美。科学求真,揭示客观的规律;科学求善,满足人们需要。人们在求真的同时也在求善、求美,科学家对真理的

图 6-4　蛋白质分子

追求总是尽善尽美。物理学家何祚麻认为，科学成果的评价标准：一是美学标准，二是学术标准，三是真、善标准。

6.2　艺术美

艺术美，是客观现实美与艺术家的思想感情的统一，是艺术家按照审美实践要求、审美理想指引、美学规律等所创造的一种综合美。艺术美来源于现实美，是对现实生活和客观世界的提炼和升华，是主观对客观世界的再创造，是真、善、美在艺术作品中的统一。艺术美也有科学美的表现。

艺术简洁美。简洁美——视觉完整、单纯和一目了然，是现代生活快节奏、高效率的要求，"删繁就简三秋树，领异标新二月花"（郑板桥语）。绘画以瞬间包容始末、以局部表现全部，建筑追求简洁、明快，等等，这些都是艺术的简洁美。简单的五线谱表现出人类极为复杂的感情世界，《生日快乐》《北京欢迎你》等歌曲的歌词、曲调都扣人心弦，舞蹈健美身姿折射出人情物态，等等，这些都展现出艺术的简洁美。《三国演义》《水浒传》《西游记》《红楼梦》四大名著都以最简练的笔墨表现最丰富的内容，都以极少的文字承载着极多的信息，这种文学艺术之美一直受人推崇。艺术的简洁美能够产生良好的功能效用。

艺术对称美。对称美作用于人的视觉，使人在心理上产生美感，是形式美作用于人知觉的体现。我国律诗、绝句中的韵律、对仗、整齐的叠句是对称美，故宫建筑物的分布是对称美，现代建筑艺术、绘画艺术、杂技造型等也展现出对称美。对称图像形象地表现出美感，如蝴蝶左右对称的翅膀、对称的花纹图案等（图6-5）是典型的对称美。大足石刻、敦煌壁画等，都有不少对称美的造像、造型。

图6-5　蝴蝶

　　艺术比例美。黄金分割的比例美、和谐美在绘画、雕刻、音乐、建筑等艺术中展现出来，给人以美感。埃及金字塔、巴黎圣母院、埃菲尔铁塔、希腊神庙等的设计都用到了黄金分割，产生了视觉美感。许多画家喜爱画马，因为马前腿纵线黄金分割马的体长——形体美。长方形的长宽之比为黄金分割，黄金比矩形给人以美感。戏剧冲突的高潮和诗歌抒情的高潮置于整个篇幅的黄金分割点，会达到更好的艺术效果。

　　艺术有序美。艺术家使个人的混乱感受变得有条不紊，从无序中创造有序，从不和谐中创造和谐。艺术规律就是艺术的秩序。音乐中乐奏声、歌声融在一起形成整体、有序的美，室内空间设计表现的有序美（图6-6），等等，许多艺术作品都包含着有序美。

图6-6　室内设计

美术通过描绘形象来表达思想感情，如张咏清的作品《梦》（图6-7），描绘梦中森林、高山、蓝天白云、蝴蝶纷飞……通过丰富的想象，展现出事物的有序美，表达作者对生活深刻的感受与理解。

图 6-7　梦

艺术真善美。艺术有夸张，但原型真实，内容与形式和谐统一，给人美感。地球仪之美，是因为它真实地反映了美丽的地球。不论是个性化的、自由化的艺术，还是技巧性的、理念性的、表现性的、情感性的艺术，只要是艺术创作者用真情实感创造和表达，只要让人在愉悦中产生良好的审美感受，就是真善美的艺术，都使人见而乐之。虚假广告和卑陋技术令人讨厌。通过艺术美传递真善，培养人的高尚情趣，对社会有益。如《诗经》格调高雅、表达的情感真挚，催发读者的美善情感；又如优秀的绘画、书法能够陶冶人的情操，等等。

6.3 科学美与艺术美的融通

从以上分析，科学和艺术都拥有简洁美、对称美、比例美、有序美、真善美等。科学美和艺术美存在内在的一致性，它们融合创新、创美是理所当然的。数学家的造型与画家的造型领域不同，但异曲同工，可能表现出同样或者类似的美感，一座漂亮的建筑往往是科学美与艺术美的统一……

物质世界不同质的美常常惊人地相似，如硅纳米复合材料和石墨，其断面表现出美丽的花瓣、花朵图形等；片状石墨的花纹与菊花神似（图6-8）；水分子结构和晶体电子衍射斑环都有多层同心圆现象，犹如星际空间的美丽；蛋白质分子和医学分子结构图表现出五颜六色的环状或链状珠图案，其华丽恰似少女和贵妇颈项上的名贵项链或者珠光宝气的饰品（图6-9）。这些不同质的物质展现出相似的美，就是因为科学美与艺术美是融通的。

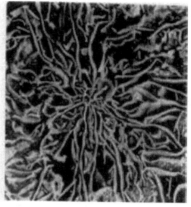

图 6-8　菊花与片状石墨

图 6-9　蛋白质分子与医学分子结构

　　科学美也有的极具艺术性，恰如艺术家创造的艺术品。例如，足球烯 C60 分子结构图颇像一只足球（图 6-10），硅纳米材料图形多像一株株绽放的蒲公英（图 6-11），二氧化硅纳米丝的美丽犹

图 6-10 足球烯

图 6-11 硅纳米材料

如朵朵向日葵（图 6-12），神经细胞的显微图片也让人想到阿娜多姿的花卉（图 6-13）。这些事物内在的美通过具有相当认识水平的人艺术地表现出，从而使简洁的形式富含深厚的理性美，是理性美与形式美的统一。

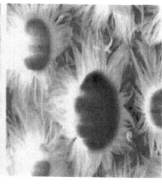

图 6-12　向日葵与二氧化硅纳米丝

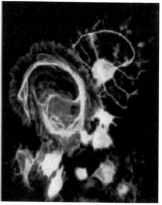

图 6-13　花卉与神经细胞

　　科学美是理性指引和创造的结果，艺术美是感性引导和创造的结果，但在美的形式、美学内涵、审美感受、美的功能等方面，它们是相同的。例如，蛋白酶分子的结构彩图犹如优美的舞姿，高分子结构图犹如漂亮的舞蹈造型……

　　科学中存在艺术之美，这种美需要人们去发现、去发掘。歌德巴赫猜想的美引无数数学爱好者尽折腰——数学爱好者跃跃欲试破解此题，高智慧的数学研究者不断改进方法攻克难关。如此吸引人的就是歌德巴赫猜想的表述简洁、明快的艺术美。如此之美的还有杨晖三角形、三角函数关系正六边记忆法等，都是艺术与科学融合的美。

　　中医学是医学科学与文学艺术的结合：中医将物质世界归纳为金、木、水、火、土五种元素，将五种元素的相生相克形象地比拟为人体五脏之间、五腑之间、脏腑之间的内在关系，由此产生五行学说、脏腑学说等，形象地、艺术地表达中医的科学内涵。张咏清美术作品《生命》(图6-14)描绘：火热的太阳烤得山石欲燃、晒得沙土欲焦，在火热的沙漠里一珠葱绿的植物顽强地生存着，艺术地反映了沙漠植物生存的科学性。

图6-14　生命

　　科学诉诸人的理智，艺术诉诸人的感情。科学和艺术相互渗透，产生新的思想火花。艺术的直觉、想象启发科学发现与技术发明，科学技术的提高促进艺术形式的发展。科学和艺术都展现宇宙、自然和社会的和谐运动。科学和艺术的融合，协同人的认知功能，是科学家进行科学探索、科学发明的需要。科学创造和艺术创造都需要审美想象，想象是科学创造和艺术创造共同需要的。科学家对科学充满激情、充满想象，严肃、冷静的科学研究，既有科学思维，又有审美欣赏。爱因斯坦在通过音乐了解作曲家的探索实质的同时，他还勾勒出自然界的宏伟蓝图。科学研究要有科学与艺术的综合，要有深邃的想象和大胆的猜测。科学家的想象过程，包含着审美过程，知识有限，想象无限。詹姆斯·沃森（1960 年）在梦中看到 DNA 双螺旋结构模型（图 6-15），是艺术般的联想与想象促成了他伟大的科学成就。

图 6-15　梦中 DNA

　　科学知识会产生额外的美。要发现这种美，就要有渴求科学的激情；要表达这种美，就要讲究艺术。科学和艺术在高水平上"合流"，七分科学融合三分艺术创造十分完美的科学美，科学内容没有艺术美的形式表达就不会深入人心。科技工作者要有文学艺术修养、要有真善美美德，"科技与人文结合，治学与修身相融"（朱光亚语）。高等教育应对学生进行科学美与艺术美的教育，打破文理隔绝，文理兼修、文理兼备，提高学生的综合素质。

第7章 中药材的交叉学科研究

当今科学技术发展的突出特点是在学科不断分化、专业不断细分基础上的相互交叉、相互渗透而形成的高度整合化、跨学科化。所谓"交叉"、"边缘"研究和突破是指有意识地在两门学科或几门学科交接处的领域内，利用这些学科领域各自的原理和技术，并将其结合起来，进而产生新的学科、发现新的规律、解决新的难题。

我国的中药材资源丰富，是主要的中药材生产国。中药材是中华民族几千年来与疾病斗争的智慧结晶，是中华民族的宝贵财富，为中华民族的健康、繁衍和发展作出了不可磨灭的贡献。然而，运用传统方法对中药材进行科学研究已滞后于社会的发展速度，已无法满足人们的需要。特别是随着中药资源在我国日益短缺的情况下，如何提高中药材综合利用面临严峻考验。大量研究表明，对中药材进行交叉研究，是提高中药材综合利用和可持续发展最为有效的手段。目前，医药领域中交叉学科研究是最为活跃的领域之一，特别是中药材的交叉学科研究取得了一些重要的进展。结合我们多年的创造发明思考以及在材料交叉领域的研究基础，从绿色中药材种植与细胞、基因工程技术交叉研究、中药材 GAP 种植生产相关技术、利用太赫兹波谱研究中药材指纹图谱、中药材与超细化、纳米技术结合等方面介绍中药材的交叉学科研究对中药材合理利用、优化中药资源的重要战略意义。

7.1 绿色中药材种植与细胞、基因工程技术结合

7.1.1 野生药材引种驯化技术

我国现有药用植物 11146 种，其中野生物种占 80%以上，我国的濒危物种数量占物种数的 15%～20%，处于濒危或受威胁状况的植物有近 3 000 种，其中有药用价值的占 60%～70%。近年来，随着社会的不断进步，人类活动范围的不断扩大，人类对野生药材资源的需求量迅速增长，致使许多天然中药材被过度采挖，野生药用植物资源量日渐减少，严重破坏了野生药材资源的生物多样性，甚至濒临灭绝。这就迫切需要发现可行的野生中药材引种驯化技术，使得日益减少或即将濒临灭绝的野生中药材能够进一步繁衍并规模化生产，达到为人类健康服务的要求。

野生药材的引种驯化就是通过人工培育，使野生药材变为家栽药材，使外地药材，包括国外药用植物等变为本地药用植物的过程，也就是人们通过一定的手段或方法，使野生药材适应新环境的过程。野生药材的引种驯化，是一项系统工程，也是一项多技术交叉的复杂工程。现代生物技术和生物工程的发展，特别是基因工程技术、杂交育种技术、细胞技术以及克隆技术的飞速发展，给传统野生药材引种驯化带来了突破性变革，为我国的中药

材的生产、研究和发展提供了良机和手段，并将有效促进我国中药事业的发展，见图 7-1 所示。

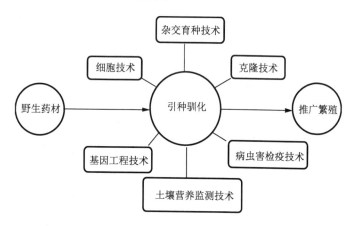

图 7-1　野生药材引种驯化技术

随着野生中药材引种驯化技术中各种方法、技术的不断交叉，一些重要的产自国外的药用植物已在国内引种成功，如西洋参、白豆蔻、番泻叶等；一些野生中药开始引种变为家种，如五味子、川贝母、细辛、黄芩及柴胡。常用中药如人参、三七、黄芪、当归、党参及地黄等已能大面积栽培供应。

近年来，一些新的引种方法与传统引种驯化相结合，使得中药材引种驯化技术多样化。如使用新型菌种复合技术，制备复合微生物菌剂，可促进土壤团粒结构形成，增强土壤通透性，活化土壤养分，增加中药幼株成活率。灰色关联分析在野生资源引种过程中的应用国内报道较少。引种驯化过程中，要依据试验目的尽可能多地选择一些有代表性的性状加以评价，才能增强选择的合理性和准确性。利用灰色关联分析法在金铁锁 *Psammosilene tunicoides* W. C. Wu et C. Y. Wu 引种驯化实验中研究表明，土壤因子对平均根质量的关联度速效磷排列第一。

7.1.2 珍稀、濒危药用植物的人工栽培技术

近年来，由于生态系统的大面积破坏和退化，使我国的许多物种已变成濒危物种 (endangered species) 和渐危物种 (threatened species)。我国高等植物中，濒危物种高达 4 000～5 000 种，因此，保护珍稀、濒危药用植物是摆在当前中药材研究人员面前的严峻挑战。人工栽培技术是对于一些珍稀、濒危医药植物再生、可持续利用行之有效的手段，可将本地区珍稀濒危药用植物种通过人工栽培，迁地保存，变野生为栽培，变野生为驯养。如野生八角莲 *Dysosma versipellis* (Hance) M. Cheng ex Ying 已被列入《中国珍稀濒危植物名录》，为国家三级保护植物，可通过人工栽培技术，将其引种驯化，进行大面积种植。野生秦艽几乎濒临灭绝，可通过人工栽培技术，进行大面积种植。

7.1.3 中药材 GAP 种植与生产相关技术

GAP (good agricultural practice) 即中药材生产质量管理规范，是规范中药材生产，保证中药材质量，促进中药标准化、现代化的准则。中药材 GAP 是从保证中药材质量出发，控制影响中药材质量的各种因子，规范中药材生产的各个环节。中药材 GAP 实施必须准确把握优化环境布局、选育优良品种、规范栽培与田间管

理、有效防治病虫害、适时采收加工、安全储藏运输、严格质检控制与认证、依法指导施行等关键环节。

目前，市场上的中药材绝大部分为人工栽培品种，科研和临床试验结果表明，一些人工栽培的中药材经多年繁衍，其药性和有效成分就会发生变化，如栽培的柴胡、板蓝根、三七、首乌、地黄等。同时因种植地域的不同，其活性成分会大相径庭，严重影响疗效。另外，在长期的中药材种植中，难以解决的问题主要有品种种质老化、病毒寄生蔓延、种植费工费时、繁殖系数低下等。因此，必须加强中药材 GAP 种植生产相关技术，确保中药材质量。

中药材 GAP 种植与生产相关技术见图 7-2。

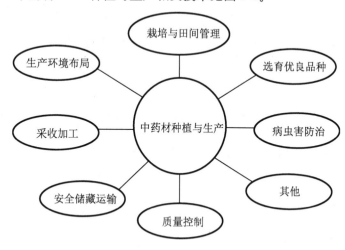

图 7-2　中药材 GAP 种植与生产相关技术

生产环境布局是中药材种植与生产的重要基地，环境质量问题是影响中药材质量的关键因素。因此，在中药材种植与生产过程中要求种植基地的土壤和气候条件要与认证品种的生物学和生态学特性相适应，这样才能确保种植的中药材质量符合国家标准。中药材优良品种的选育是确保中药材种植与生产的前提，优良品种选育工作对提高药材的质量和产量具有根本意义。田间栽培与管理工作主要包括：整地深度、高效施肥和营养元素配比、种子处理方法、播种方法、移栽方法、种苗规格、灌溉、松土除草、整枝打杈以及农药残留量控制等技术，为保证中药材质量，必须加强田间栽培与管理技术。病虫害防治是保证中药材生产的重要措施，要根据病虫害发生规律及其防治特点制订病虫害综合防治策略。不同中药材的化学成分以及同一种植物的不同药用成分，其形成和积累的特点各异。一般来说，其药用成分的量随中药材生长年龄和季节变动呈规律性变化，因此，在药用成分量最高时，可作为最佳采收时节。中药材的储藏与运输过程中，要确保药用有效成分不被破坏，不受污染。质量控制贯穿于整个中药材种植与生产过程，是规范中药材种植，确保产品质量的核心技术。

7.2 应用太赫兹波谱研究中药材的指纹图谱

太赫兹波（terahertz radiation）一般指频率范围在 0.1~10THz（波长 0.03~3mm）内的电磁辐射波，是介于微波和红外光谱之间的电磁波。近年来，太赫兹波引起人们的广泛重视。其主要优点表现为：① 量子能量和黑体温度较低。由于太赫兹波的光子能量很低，不易使物质发生电离。因此，太赫兹波可用来进行安全的无损检测。② 许多生物大分子的振动和旋转频率都在太赫兹波段，所以在太赫兹波段表现出很强的吸收和谐振。③ 太赫兹波的时域频谱信噪比很高，因此，它适用于成像应用。

中药材指纹图谱是将中药材经过一定处理后，采用特定的分析测试手段，得到能够标示该中药材特性的图谱。大多数中药材的二级代谢物的低频振动和转动模式在太赫兹波范围内，因此太赫兹时域光谱技术可以为中药鉴别和研究提供新方法。利用太赫兹技术可鉴别道地中药材，如中药莪术太赫兹时域光谱可用于不同品种莪术的鉴别。同时，可建立道地中药材的太赫兹指纹图谱库，为中药材品种鉴定和质量鉴别提供依据。中药莪术产区和品种的鉴别对其产品质量控制非常重要，利用太赫兹时域光谱技术和共有峰率、变异峰率双指标序列法对 2 产地 3 个品种的莪术进行检测，结果表明，虽然 3 个样品的太赫兹吸收谱图存在差异，但 3 个样品在 1.3～2.2 THz 的较强吸收峰基本一致。

在室温干燥环境下，采用飞秒激光激发光电导天线的太赫兹时域光谱技术，对同一产地 4 种不同制片方式的附子样品进行检测和分析，研究结果表明附子的太赫兹时域谱包含有幅度和相位信息，频谱具有较好的重复性，4 种附子样品频谱明显分为两组，4 种样品的太赫兹折射率存在明显的差异。因此，采用该技术可对不同的制片方式进行直观鉴别。张平等研究了当归、板蓝根、青蒿素、牛黄和甘草等的太赫兹吸收谱和色散曲线，研究显示同

系物的太赫兹光谱有较明显的差别。研究表明，太赫兹时域光谱
（THz-TDS）可区分人参和甘草，理论计算值与测量值相符。采
用 BP 神经网络分形理论和支持向量机等鉴别方法，可对多数易
混淆中药进行鉴别和识别，识别率能够达到 100 ％。

7.3　中药材的超细化、纳米化技术

　　粉碎技术是中药材生产加工及应用中重要的基本环节，随着
科技的不断进步，近年发展起来的超微粉碎技术，通过对中药材
冲击、碰撞、剪切、研磨、分散等手段，把中药材加工成微米甚
至纳米级的微粉，即微米中药、纳米中药。对于一般的中药材在
该细度下，细胞破壁率≥95 ％。细胞破壁后，细胞内的有效成分
与可溶性成分可以完全溶解于胃液，然后进入小肠后开始被吸收，
由于颗粒超细，表面活性大，其不溶性成分也极易附着在肠壁上，
快速被吸收，进入血液，提高了吸收率，吸收量也会增加。中药
材超细化、纳米化是中药现代化的重要技术之一。

7.3.1　药物（制剂）颗粒粒径在体内的导向性

　　纳米药物或纳米颗粒在体内会被识别为外源性物质而通过网
状内皮系统（RES）的高吞噬性单核吞噬细胞系统（MPS）所摄
取。静脉注射后，首先血浆中的多种成分（如血浆蛋白、脂蛋白、
免疫蛋白、补体 C 蛋白等）会吸附于纳米颗粒表面使其易于被吞
噬细胞识别，即调理过程（opsoinzation），然后颗粒被 MPS 吞噬

并迅速从血液循环中被清除。利用吞噬细胞对外来粒子的吞噬和清除作用，可以使纳米颗粒被动靶向于靶部位。调节纳米颗粒的大小和表面性质是实现靶向性的关键。纳米颗粒表面修饰后，或偶联、吸附适当的配体（如抗体、半抗原、糖、外源凝集素、叶酸等）可实现主动靶向作用，理论上可以使纳米微粒导向特定的细胞，从而改变纳米药物在体内的过程。

药物（制剂）颗粒粒径的不同，导致其在体内导向、药效特征和生物利用度发生变化。表 7-1 列出了药物或制剂颗粒粒径在体内导向性。

表 7-1　药物（制剂）颗粒粒径与其在体内导向的关系

颗粒粒径	在体内的导向
<50nm	能穿过肝脏内皮或通过淋巴传输到脾和骨髓，也可到达肿瘤组织，最终到达肝
100~200nm	可被网状内皮系统的巨噬细胞从血液中吸收，可通过 iv、im 或 ip，可到达肝、脾等器官
1μm	白细胞最易吞噬物质的尺寸
2~12μm	可被毛细血管网摄取，不仅可以达到肺，而且可以达到肝和脾
7~12μm	iv 可被肺摄取
>12μm	阻滞在毛细血管末端或停留在肝、胃及带有肿瘤的器官中

7.3.2 中药材超细化、纳米化的作用

超细化技术是一种新的粉碎技术，物料经超细化后，具有极小的体积，因而其极易附着于其他物质的表面并迅速向这些物质

的内部扩散渗透，与其他物质的表面发生物理或化学作用形成紧密的结合，取得非常好的疗效。随着现代工业技术和医药科学的迅速发展以及学科间的相互渗透和交叉，超细化技术在传统中药加工中的应用已引起人们的广泛关注。

　　纳米中药是指在中药加工过程中运用纳米技术对中药材有效部位、有效成分及复方制剂等加工而成的中药制剂，其粒径通常小于100nm。纳米中药不是简单地将中药材粉碎成纳米量级，而是针对组成中药方剂的某味药的有效部位或有效成分进行纳米技术加工处理，赋予传统中药以新的功能。中药纳米化研究必须将中医药理论和纳米技术结合起来，运用先进的纳米技术对中药进行研究，保证中药多成分、多靶点、多途径。例如，羚羊角从300μm（约5目）细化到30μm（400目）时，人体吸收率和疗效大大提高。10μm以下时与300μm相比，外敷药向皮肤内的渗透速度成倍提高。钙制剂（乳酸钙）纳米化后，人的口服吸收率98%；而现有的吸收率仅30%。纳米囊在大鼠胃道膜的吸收率50nm时为40%，100nm时为26%。

　　血竭是一种具有多种功能的中药。通过不同粒径血竭纳米颗粒在体外对宫颈癌细胞株HeLa、肺癌细胞株A549、肝癌细胞株SMMC7721、卵巢癌细胞株A2780和粒细胞白血病细胞株HL-260的杀伤作用研究发现，粒径为171nm、167nm和23.8nm的纳米血竭对肿瘤细胞株HL-260具有明显的杀伤作用，其效率高于非纳米血竭。灵芝 Ganoderma lucidum (Curtis.) P. Karst. 隶属担子菌门伞菌纲多孔菌目灵芝科灵芝属。研究发现，纳米级灵芝子实体粉末水提取物具有抑制宫颈癌细胞 HeLa 和晶体上皮细胞 SRA01/04 增殖的作用。

超细化、纳米化使中药材真正地达到完全利用，减少用药剂量，提高生物利用度和药效。大量研究表明，中药材超细化、纳米化的作用包括：① 提高有效成分的利用率；② 提高人体吸收率及药效；③ 促进药效成分溶解；④ 有利于药材有效成分的提取；⑤ 便于服用；⑥ 节省原料。中药材超细化、纳米化的作用见图 7-3。

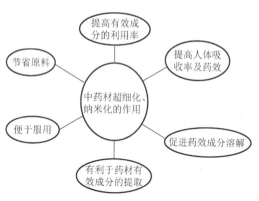

图 7-3 中药材超细化、纳米化的作用

中药材是几千年来中华民族与自然界斗争的智慧结晶与宝贵财富。然而，随着环境问题日益严重、人们无节制采挖，使得野生中药材资源量日渐减少，部分珍贵中药材甚至濒临灭绝。传统方法对中药材进行研究已滞后于社会的发展需求，特别是随着中药资源在我国日益短缺的情况下，如何提高中药材综合利用是摆在当前中药材研究人员面前的严峻考验。研究显示，对中药材进行交叉学科研究，是中药材综合利用最为有效的手段。中药材交叉学科研究，是对中药材相关理论突破性认识、提高中药材综合利用的必然趋势。

第8章 医学的多学科交叉、融合与创新

21世纪将是一个交叉科学时代，交叉科学的研究与发展，具有重要的战略意义。多学科交叉是当代科学发展的主要趋势，是当代一流大学的一个主旋律。学科交叉、融合、办出特色、取得突破，是著名高校提高办学水平的一大主题。

当今科学技术发展的突出特点，是在学科不断分化、专业不断细分基础上的相互交叉、相互渗透而形成的高度整合化、跨学科化。所谓"交叉"、"边缘"研究和突破是指有意识地在两门学科或几门学科交接处的领域内，利用这些学科领域各自的原理和技术，并使其结合起来，进而产生新的学科、发现新的规律、解决新的难题。钱学森曾说："交叉科学是指自然科学和社会科学相互交叉地带生长的一系列新生学科。"钱三强也曾说："各门自然科学之间，自然科学与社会科学之间的交叉地带，一贯是新兴学科的生长点，于是就产生了一系列的交叉学科，又叫边缘学科、横断学科或综合学科。可以预料，本世纪将是一个交叉科学时代。"因此，交叉科学的研究与发展是从长远着眼，具有战略意义的。学科交叉的力度和广度，已成为影响创新，特别是源头创新发展的关键性因素。在学科交叉领域中进行科学研究，往往能够取得科学技术的重大突破，发现新的科学规律。

在学科相互交叉、渗透的推动下，一批新的科学前沿和方向正在迅猛发展，如脑与认知科学、复杂系统与复杂性科学、分子生态学与环境生物学、纳米技术与纳米生物学，等等。事实表明，学科交叉有利于推动国民经济建设的发展，有助于解决社会发展中的重大问题。当代任何重大的社会发展问题都具有高度的综合性，不仅要求自然科学、人文社会科学的各主要部门进行多方面的广泛合作，综合运用多学科、跨学科的知识和方法，而且要求把自然科学、技术科学和人文社会科学知识结合成为一个创造性的综合体。

分析近百年来获得诺贝尔自然科学奖的 30 多项成果中，近一半的项目是多学科合作的研究成果，对 170 多位诺贝尔生理学或医学奖获得者及他们的原创性成果的统计研究发现，具有跨学科知识背景的科学家有 76 人，占总数的 4.2%，有 48 项原创性成果涉及其他学科体系，占总获奖次数的 53%。最典型的事例是 DNA 分子双螺旋结构的发现，涉及 4 位作者，其中 2 位是物理学家，1 位是化学家，1 位是生物学家，充分体现了物理学、化学、生物学交叉融合的成果。美国加州大学钱永健（Roger Y. Tsien）教授，具有化学、物理学、生理学以及生物化学的学术背景，他在绿色荧光蛋白以及多色荧光蛋白方面的出色工作使得他获得了 2008 年度诺贝尔化学奖，这方面工作若没有多学科交叉的背景是很难完成。

医学的多学科交叉已经是国内外各高校和研究机构重点关注

的领域。目前国内高校学科建设的一个趋势是改变过去组建一级学科群的学科发展模式，而以强势学科为龙头，发展新兴、交叉和特色的跨学科群。例如，四川大学经过强强联合后，与医学相关的学科门类齐全，实力雄厚，应当不失时机地整合资源，主动形成跨学科的医学交叉学科群，瞄准国家重大需求和国际科技前沿，发挥交叉融合创新的优势，必将取得一批重大的标志性创新成果，成为四川大学创建一流大学的强势学科群。

8.1 医学的多学科交叉

8.1.1 医学多学科交叉的作用

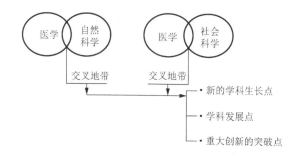

图 8-1　医学多学科交叉的作用

各门自然科学之间，自然科学与社会科学之间的交叉地带，一贯是新兴学科的生长点，容易产生一系列的交叉学科，容易产生新理论和技术创新，见图 8-1。因此，多学科交叉的作用在于：

——新的学科生长点。

——学科的发展点。

——重大创新的突破点。

例如，生物学、医学与材料学交叉产生生物医学材料学。生物学、医学与材料的相互渗透，发明各种生物医学材料。其中

——生物仿真材料做成各种生理器官的代用品。

——仿生等效材料做成中国模拟人，做成对 X 射线、γ 射线、力学等有效的仿真体膜。

纳米科技与医学交叉产生纳米医学，图 8-2。

——引发医学的一场技术革新。

——纳米医学将成为医学新的学科发展点，重大创新的突破点。

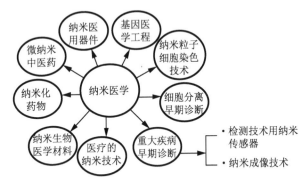

图 8-2　纳米技术与医学交叉形成纳米医学

8.1.2 医学多学科交叉的层次与结构

医学与其他学科交叉，衍生出许多与医学相关的学科，见图 8-3。

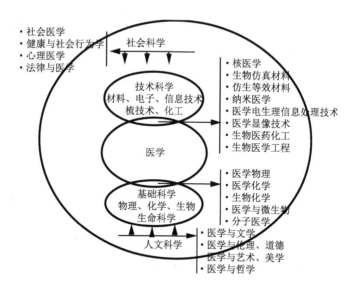

图 8-3　医学多学科交叉的层次与结构图

医学与基础科学的交叉，出现医学物理、医学化学、生物化学、医学与微生物等学科。

医学与技术科学，如材料、电子、信息、化学工程、核技术的交叉，出现医学电生理信息处理技术、医学显像技术、核医学、生物医药化工。

医学与社会科学的交叉，出现社会医学、心理医学、法律医学。

医学与人文科学的交叉，出现医学与文学、医学与艺术和美学的交叉联合。

爱因斯坦说："物理给我知识，艺术给我想象力，知识是有限的，而艺术所开拓的想象力是无限的"。

医学多层次、深层次的学科交叉，将带来深层次的创新。

例如，某大学的生命科学瞄准结构基因组、细胞功能蛋白质组、药物基因组，深入到结构生物学、细胞生物学、神经生物学和生物物理等层次的研究，设想如能与医学交叉，联合研究及应用将带来非凡的创新潜力。

8.2　医学的多学科交叉与融合

相互渗透是学科由交叉发展到融合的必要条件。学科交叉、融合必须以项目合作为载体。通过学科间的不断交叉、相互渗透，新产生的学科生长点必将成长为具有一定优势和竞争力的学科。例如，四川大学组织和引导，组建生物医学跨学科研究所或研究中心，是医学学科交叉融合的组织者和助推器，要将相关学科的研究由"分子的布朗运动引导向一个方向运动"。

新生物医学材料的研究开发，需要进行药理学、药效学、毒理学的动物实验，临床试验，成功后又需投资产业化。研究院（中心）应能有效组织生物医药的研发——实验验证——成果孵化及产业化——延伸产业链的功能和机制。

医学学科交叉、融合应以人有为本，创造教师、研究者合作、融合的良好条件，要有"海纳百川"的胸襟和气魄，要有"有容乃大"的思想，要善于对各个学科分支交叉进行交叉、融合和包容，才能做大做强。

8.3 创建生物医学交叉学科群发展战略

要创建生物医学交叉学科群，需要瞄准生物医学领域的国际
科技前沿，有所为，有所不为地组织多学科交叉研究，取得重大
和高水平的创新。图 8-4 为基因与基因工程的资源整合与各学院、
各学科间的相互交叉与融合。

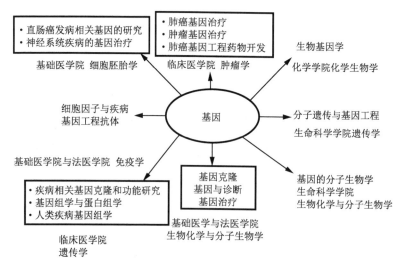

图 8-4　基因与基因工程的资源整合

基因与基因工程是一复杂庞大的交叉学科，涉及众多学科门
类。基于基因的医学与临床应用主要包括生物基因学、分子遗传
与基因工程、基因的分子生物学、基因克隆、基因与诊断、基因
治疗、疾病相关基因克隆和功能研究、基因组学与蛋白组学、人
类疾病基因组学、细胞因子与疾病、基因工程抗体、直肠癌发病

相关基因的研究、神经系统疾病的基因治疗、肺癌基因治疗、肿瘤基因治疗、肺癌基因工程药物开发等。这些学科都是基于基因发展衍生而来，可见，要创建生物医学交叉学科群，必须整合各相关学科，只有各相关学科间不断交叉、融合，才能取得突破性进展和创新。

生物医学工程（biomedical engineering，简称 BME）是结合物理、化学、生物、数学和计算机与工程学原理，从事生物学、医学、行为学或卫生学的研究；提出基本概念，产生从分子水平到器官水平的知识，开发创新的生物学制品、材料、加工方法、植入物、器械和信息学方法，用与疾病预防、诊断和治疗，病人康复，改善卫生状况等目的。

生物医药产业由生物技术产业与医药产业共同组成。生物技术是以现代生命科学理论为基础，利用生物体及其细胞的、亚细胞的和分子的组成部分，结合工程学、信息学等手段开展研究及制造产品，或改造动物、植物、微生物等，并使其具有所期望的品质、特性，进而为社会提供商品和服务手段的综合性技术体系。其主要内容包括：基因工程、细胞工程、发酵工程、酶工程、生物芯片技术、药物材料，基因测序技术、组织工程技术、生物信息技术等。生物技术产业涉及医药、农业、海洋、环境、能源、化工等多个领域。

因此，生物医学工程与生物医药本身就是众多学科交叉的结果，图 8-5 为生物医学工程、生物医药的资源整合中各学院与各学科之间的交叉。

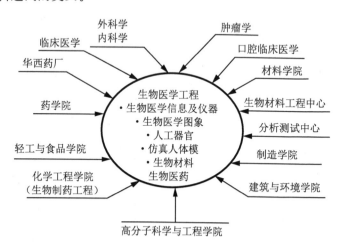

图 8-5　生物医学工程、生物医药的资源整合

现代医学的发展是多学科交叉的结果。近年来，把生命科学的新发现、新技术更加直接有效地转化为临床医学与药学。以生命科学基础研究与临床医学相互促进和转化的科学基础已经形成。尤其基于基因学的医学研究，已取得了突破性的进展。医学学科的发展与其他相关学科相互促进、不断交叉、相互融合、息息相关、不可分割。

8.4　未来医学的交叉研究展望

随着科学技术的不断进步、人类认识水平的不断深入以及多学科的不断交叉，未来医学发展必定为多学科、多技术的不断融合和交叉，进而产生出一些新型医疗技术，这些新型医疗技术为人类某些重大疾病的突破性治疗带来光明前景。

医学的多学科交叉，涌现出一批新型医疗技术，现介绍一些新型医疗技术。

8.4.1　质子治癌技术

质子治癌技术目前已经成为肿瘤放射治疗技术中最被看好的治疗方式。这个过程的机制是，当质子进入人体，到达癌细胞位置时，带正电的质子会吸引癌细胞原子中的电子。在生物辐射效应中，原子失去电子的过程就是"辐射游离"。由于发生游离的部位是癌细胞的双螺旋形（DNA），当双螺旋形上有大量的基因被破坏到无法修复的程度，癌细胞也就被杀死了。这个过程其实与钴 60 或 X 射线照射的传统肿瘤放射治疗的方法相似，只是产生游离的能量来源不同而已。但质子照射的最大优点是，它几乎不会照射到正常细胞与组织，这是目前不论以放射线照射或放射性药物治癌都无法做到的一点。因为，传统的放射线照射癌细胞之所以会伤害正常组织或细胞的原因，是当放射线进入人体时，从接触皮肤到癌细胞所在的位置，其能量呈逐渐递减分布。

当高能量的质子进入人体后，发生辐射游离效应的过程与传统放射线完全不同。由于质子是以极高速进入人体，在它行进过程中，与细胞发生作用的机会极低，只有在速度降低、快要停止之前，才会释出能量并与细胞的原子发生作用。于是，生物物理科学利用控制质子进入人体能量的大小，可以做到让它在希望的位置停止的地步。也就是说，可以控制质子束停在癌细胞的位置，将所含能量全部用于杀死癌细胞。总的来说，如果能量控制与治疗计划设计周密的话，质子束几乎可以像"裁缝量身"一般，精确消灭癌细胞的分布而不伤害正常细胞。

截止目前，欧美国家及日本筑波大学的质子治癌中心已经累积了两万多个治癌病例，一般来说，质子治癌治疗效果达到 95% 以上，5 年的存活率也高达 80%，这个成绩令现有任何癌症治疗方法都望尘莫及。

8.4.2 未来预测医学

目前，在美国正在兴起"未来预测医学"的热潮。

"未来预测医学"首先要对患者进行调查，男性要求回答 314 项问题，女性要求回答 340 项问题。除详细说明体温、血压、脉搏、胆固醇、血、尿、粪等常规检查的准确数据和变化及家族病史外，还要回答本人及亲属生活、工作情况、衣食住行的习惯、夫妻性生活、日常对健康的态度等。然后把被调查者的详细答案，交由资料处理公司，通过电脑进行综合分析。同时，结合使用美国国立健康统计资料中心的健康诊断调查、生命保险公司的统计、国立心肺血液研究机构和癌症研究机构的大量研究资料，最后分析预测出"你的健康危险度"，作出 5 年后你将患什么病的诊断以及应采取的预防措施。

近年来，美国每年都有数十万人在没有任何病感的情况下去接受"未来预测医学"调查，从而获知 5 年后自己将会患什么病，应采取什么预防措施。

"未来预测医学"的发展和应用，必将大大提高人类健康水平，使人们更加健康长寿。

8.4.3　太空医药

由于太空环境具有微重力、无菌、高真空、强辐射等地球上无法同时实现的特殊条件，因此在太空中可以制造地球上难以大量生产的贵重药品，在太空环境中制造出的药品称为"太空医药"。

美国在太空中已成功生产出干扰素。这是一种治疗病毒感染和癌症的贵重药品，即使使用目前先进的遗传工程技术生产干扰素，由于地球重力的影响，要从细菌活细胞所产生的数百种混合物中分离提取高纯度的干扰素也十分困难，不仅质量难以得到保证，而且生产成本高、产量低。而在太空微重力的条件下，可方便地分离出高质量的干扰素。据了解，一个月在太空中生产干扰素的产量可达地球上四十年的产量。

美国在太空成功生产干扰素，为医药工业开拓了广阔的前景。如在地球上从肾细胞中分离尿激酶的成本很高，而美国每年所耗用的尿激酶的总价值达 10 亿美元，如在太空生产，尿激酶的成本可以降低十几倍。

第9章　创新型人才培养的思路、方法及路径

9.1　创新型人才培养的意义与作用

胡锦涛总书记在党的十七大报告中就提高自主创新能力、建设创新型国家做了精辟论述，强调指出：提高自主创新能力，建设创新型国家，是国家发展战略的核心，是提高综合国力的关键。《国家中长期科学和技术发展规划纲要》提出："到 2020 年我国进入创新型国家的行列"。建设创新型国家，培养创新型人才是关键。特别是进入 21 世纪，中国面临着前所未有的挑战，科学技术特别是战略高科技已经成为综合国力竞争的焦点。而这中间，创新型人才扮演着主导作用。

国家"十二五"规划纲要指出：要加快教育改革发展，全面实施素质教育，深化教育体制改革。在"突出培养造就创新型科技人才"方面特别强调要"围绕提高科技创新能力、建设创新型国家，以高层次创新型科技人才为重点，造就一批世界水平的科学家、科技领军人才、工程师和高水平创新团队。创新教育方式，突出培养学生科学精神、创造性思维和创新能力"。这为我国如何培养创新型人才指引了方向，也对高校如何培养创新型人才提出了新的更高要求。在科技竞争日益激烈的今天，创新型人才已成

为经济社会发展迫切需要的战略资源，是国家综合实力的重要体现，更是提升国际科技竞争的重要保障；而创新型人才价值的实现和提升直接关系到国家的未来和民族的振兴，也是建设创新型国家、提高综合国力的关键所在；因此，培养创新型人才、实现科技创新事关重大。

一个没有创新能力的民族，难于屹立于世界先进民族之林；创新是一个民族进步的灵魂，是国家兴旺发达的不竭动力。"国以才立，政以才治，业以才兴"，可见人才对国家和社会的重要性。创新型人才是建设创新型国家最为宝贵的财富，是关系党和国家事业发展的关键问题。当今世界的综合国力竞争，归根到底是人才竞争，特别是高素质创新型人才的竞争。因此，培养创新型人才对提高我国自主创新能力，建设创新国家具有重要的意义；对提升我国综合国力，参与未来国际科技竞争具有长远优势。

我国著名科学家钱学森提出："为什么我们的学校总是培养不出杰出人才？"2005年7月29日，钱学森向温家宝总理进言："现在中国没有完全发展起来，一个重要原因是没有一所大学能够按照培养科学技术发明创造人才的模式去办学，没有自己独特的创新的东西，老是育不出杰出人才，这是很大问题"。钱学森这一疑问，不仅成为社会各界对我国高等教育的疑问，而且成为建设创新型国家必须面对的疑问，更成为整个教育界及教育工作者对如何正确培养创新型人才的疑问。随着"钱学森之问"在社会上引起的广泛关注与讨论，很多专家、学者分别在不同场合阐述了如何培养创新性人才的观点。各高校，特别是一些研究型高校，在创新型人才培养模式、理念等方面已经做出了努力和实践，取得了显著的成效。高等学校作为人才培养和知识创新的高地，肩负着创新人才培养的神圣使命。同时，高等学校作为人才培养的摇篮，作为学者的学术共同体，应时刻站在时代的前沿，引领科学技术的发展方向，构建创新型人才培养模式，努力培养能在未来科技竞争中具有较强竞争能力的高素质创新型人才，唯有如此，我们中华民族才能在科技竞争日益强烈的国际竞争中永远处于不败之地。

9.2 创新型人才培养的理念

所谓创新教育，是人类步入知识经济时代以来所产生的一种新型的教育理念，它将创新理论运用到人才培养的过程中，根据创新原理，培养学生的创新意识、创新思维，是学生在牢固、系统地掌握学科知识的同时发展他们的创新能力。与传统的教育理念不同，创新教育使学生不断超越于自我，通过培养学生的创新思维，激发他们的创造发明潜力。不同的高校，具有不同的创新型人才培养模式，但其创新型教育理念大同小异。

笔者认为：授人以鱼，不如授人以"渔"；授人以钱，不如授人以"技"； 授人以技，不如授人以"智"。创新型人才培养亦是如此。人脑的创造力是无限的，人人都可以创新，创新就在身边，关键是怎样开启人的创新之门，让大家利用创新思维，进行创造发明。"渔"、"技"、"智"三者关系如图9-1所示。

图9-1　创新型人才培养的理念

9.3　创新型人才培养的思路

创新是培养人才的灵魂，是服务社会的动力。创新型人才培养要与社会发展相适应，在经济社会发展浪潮中，不断地革新与发展。在多年的教学实践中，笔者提出了如下创新型人才培养的思路，如图9-2所示。

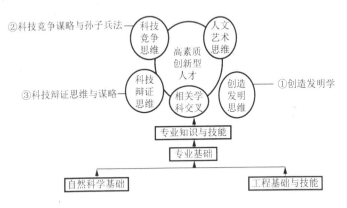

图9-2　创新型人才培养的思路

由图9-2可知，高素质创新型人才必须具备以自然科学基础和工程基础与技能为基础，掌握扎实专业基础和专业知识，能在相关学科交叉领域进行创新型研究的素质。创新思维包括创造发明思维、科技辩证思维、科技竞争思维和人文艺术思维。其中，通过创造发明学等课程的学习，可培养学生的创造发明思维；科技竞争思维可通过科技竞争谋略与《孙子兵法》等相关课程加以训练和培养，科技存在竞争，掌握科技竞争谋略显得尤为重要；通过科技辩证思维与谋略等方面课程的学习，可培养学生的科技辩证思维；通过人文艺术方面的课程学习，可培养学生人文艺术思维。纵观古今，但凡成大事者，在科技创新中做出突出贡献者，都具有一定的人文艺术思维。具备以上创新思维，所培养的创新型人才才能在竞争日渐强烈的科技领域处于不败之地，使我们的民族永远屹立于世界先进民族之林。

9.4 创新型人才培养的方法与途径

9.4.1 创新思维与实践都要寓于各教学环节

各教学环节是培养人才的具体举措，无论是教学内容、教学方式、教学方法还是教学手段，都要寓于创新思维。我们要启发学生进行创新，每个人的创新能力是无限的，关键在于怎样开启创新之门。在各教学实践环节，我们要进行"四创"教育（图9-3），即"创意—创新—创业—创富"。有了创意，才有可能进行创新，通过创新，才能进行创业，然后为社会创造大量财富，可见，"四创"教育之间相辅相成，前者为后者奠定坚实的基础，后者是前者的具体体现。

图 9-3　"四创"教育

9.4.2 科技创新离不开良好的创造发明方法

　　培养创新型人才，就是要培养具有科技创新能力的高素质人才，科技创新离不开良好的创造发明方法。科技工作者在科技创新中，首先要学会自己评定自己的智力结构，发挥自己的优势，避开自己的劣势，走自己的创新成长之路，这样更易产出创造性成果。智力结构主要由观察能力、记忆能力、思维能力、想象能力、操作能力等基本能力构成。在智力结构中最为重要的是创造性思维和创造性想象，这两种能力构成了人的创造能力。每个科技工作者可以根据自己智力结构的特点，分别选择基础研究、应用研究和开发研究等不同类型的课题。

　　创造发明是一种重大的科学技术成就，它必须同时具备以下三个条件：

　　(1) 新颖性，即前人所没有。

　　(2) 先进性，即创造发明优于当前使用的科学技术，具有引领作用和开拓作用。

　　(3) 实用性，即经过实践证明可以应用。

例如，手机的发明是通信设备划时代的发明，实践证明，手机使用便捷，人们喜爱，已进入千家万户，成为人们生活的重要部分。

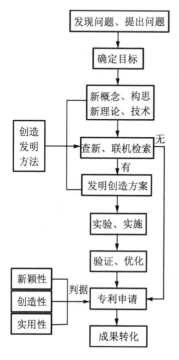

图 9-4　创造发明程序及思路

9.4.3 创新型人才与创造发明程序

正确的创造发明程序对创新型人才进行科技创新起到事半功倍的作用。我们总结的创造发明程序适用于各方面创新型人才的培养。如图 9-4 所示，创造发明程序及思路主要是：发现和提出问题，认真分析确定所要完成的目标，在此基础上提出新的概念、理论、构思、技术等；通过查新确定自己的创新性后，提出具体方案，并付诸实验验证。

9.4.4 创新型人才与技术开发程序及思路

任何创新，最终必将转化为技术，为人类的文明进步而服务。在创新型人才培养中，也要注重培养学生的技术创新能力。如图 9-5 所示，技术开发程序及思路是：以科学发展、高新技术信息为科技依据，以社会需要、生活需要为产业、市场需要，进行总体规划构思，制订计划，然后着手研究、开发；通过实用化研究达到产品化，继而形成商品，继续发展，进行大批量生产，达到产业化；最后产品逐渐衰退，被其他技术、产品所取代。技术开发要成功地取得技术、经济和社会效益，须遵守如下原则：以市场与信息为导向，以产品为对象，以高新技术和应用技术研究为依托，以企业联合为支柱，以实现产品化、商品化、产业化为最终目标。

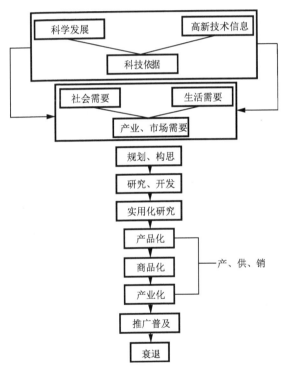

图 9-5　技术开发程序及思路

9.5 "一支铅笔·一张纸·一块橡皮"：培养学生良好思维、提升学生创新能力的简易训练方法

科技创新，就是创造出新技术、新产品和新方法。要使学生能进行科技创新，就必须对其进行创新教育。以培养创新型人才为主导的创新教育与只注重知识传授的传统教育相比，前者更强调学生的主体性和能动性，更注重学生开拓进取的创新精神的培养，使学生在自主学习中，勤于思考、善于观察、乐于奉献、敢于挑战。笔者在多年的教学、科技创新工作过程中，总结提出了以"一支铅笔·一张纸·一块橡皮"为基本方法的培养学生创造发明思维、提升学生创新能力的简易训练方法。实践证明，这一方法对于培养学生的发散与收敛思维以及交叉思维，进而对于提升学生的创新能力具有重要作用。

9.5.1 "一支铅笔·一张纸·一块橡皮"训练方法的基本内容

"一支铅笔·一张纸·一块橡皮"的训练方法是：将某一科学领域或技术现象，用一支铅笔写在一张纸上，然后将该领域已有的研究方向全部罗列于一张纸上，不同的研究方向，用不同色彩的框图表明或加以区分，然后运用联想、类比、类推、移植等创新思维，发现新问题，提出新思维，最后在所提出的新领域中进行创造发明，开发新技术。

任何创造性工作，都是在不断的改进中完成的。在"一支铅笔·一张纸·一块橡皮"创造发明思维的简易训练方法中，橡皮

起到了很好的作用。利用一块橡皮，在我们所画的纸上不断地修改和改进，一次又一次发现新问题，提出新思维，不断地进行创造发明。运用该方法进行创造发明，能够让我们全面掌握我们所要研究领域的研究进展状况，更能够帮助我们理清研究领域的各个分支，有助于科技创新。

以某一新技术为例，利用"一支铅笔·一张纸·一块橡皮"创造发明思维的简易训练方法进行创造发明。我们将某一新技术作为圆心在一张纸上的中心部位画一圆，然后按已知辐射移植成功的技术领域的先后次序，沿顺时针（或反时针）方向作小圆A、B、C、D……，再作二级辐射圆a、b、c……如图9-6所示。图中标出未辐射到的空白领域以"？"代替，通过"联想"、"逻辑分析"等方法，可推断出新的发明构想。

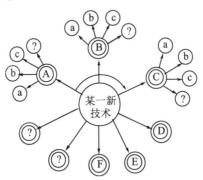

图9-6　"一支铅笔·一张纸·一块橡皮"创造发明思维简易训练图

例如，等离子技术已辐射应用于炼钢、焊接、喷涂和离子渗碳、氮化等技术领域。近年来开始用于塑料改性、微波等离子体表面沉积金刚石薄膜等。我们可以根据等离子技术的原理，运用"一支铅笔·一张纸·一块橡皮"创造发明思维的简易训练方法对等离子技术的应用提出新领域。

9.5.2 以"一支铅笔·一张纸·一块橡皮"的简易方法，培养学生的发散与收敛思维、提升学生的创新能力

发散思维也叫扩散思维，就是在思维过程中，充分发挥想象力，针对一个有待解决的科技问题，由一点向各种不同的方向去思考，通过知识、观念、技术的重新组合，寻求各种各样的解决办法，以求得最佳解决方案的思维方式。收敛思维也叫集中思维，是一种与发散思维相反的思维方式，是以某个思考对象为中心，从不同的方向和不同的角度，将思维指向这个中心点，以达到解决问题的目的。

为了把学生培养成为创新型人才，需要教师在创新教育过程中，加强对学生发散与收敛创新思维的培养，使学生养成从不同的角度、不同的方向或不同的层次思考问题的习惯，形成将某一科学技术进行重组、辐射和再创新的能力。教师在教学过程中，应鼓励学生"异想天开"，培养学生打破常规、另辟蹊径、多角度的求异思维，培养学生从不同角度处理问题，提高学生总结、归纳、概括、综合问题的意识和能力，培养学生思维的灵活性、变通性，并通过案例教学，有针对、有目的地要求学生采用发散与收敛创新思维解决实际问题。

例如，爱迪生在研究白炽灯时，找到了当时各种白炽灯共同

的缺点：灯丝材料不耐用。为了找到一种既廉价又耐用的材料做灯丝，他花费了一年多时间，选用了1600多种材料进行试验，最终和助手一起，将棉烧成碳丝，同时又提高了灯泡的真空度，避免灯丝氧化。

9.5.3 以"一支铅笔·一张纸·一块橡皮"的简易方法，培养学生的交叉思维，提升学生的创新能力

学科交叉对于创新十分重要。利用学科交叉进行科学研究，有助于发现新问题、提出新观点。所谓利用交叉学科进行科学研究，就是指有意识地在两门学科或几门学科交叉的领域内，运用这些学科领域各自的原理和技术，并把这些原理和技术有机地整合在一起进行科学研究。而利用学科交叉进行科学研究，内在地需要交叉思维。为此，我们必须注重培养学生的交叉思维，使其能够在学科交叉领域进行科技创新和科学研究。

因此，在创新教育过程中，要注重培养学生应用交叉思维进行科技创新和科学研究的能力，提高学生综合和嫁接不同学科知识的能力，培养学生寻找和确定不同学科间的交叉领域的能力。

9.6 提供更多的创新科研机会、强化创业教育：提升学生创新能力、培养创新人才不可或缺的重要路径

9.6.1 提供更多的创新科研机会，培养学生的创新能力

为培养学生的创新能力，高校应提供学生更多参与科研的机

会，让所有的大学生都有机会在自己感兴趣的领域进行科学研究和科技创新。美国大学在学生参与科研方面做得很好，如加州理工学院和麻省理工学院，这两所著名高校给予学生更多的科研机会，有的学生参与教授的科研课题，有的学生自主进行科学研究，实验室和研究中心全部都向学生开放。这对培养学生严谨的工作作风和务实的科学态度以及大胆的创新起到了良好的作用。

为了培养学生的创新能力，应加大学生创新实验项目的资助计划，积极开展丰富多彩的科技文化活动以及课外科技活动，鼓励学生参与教师的科研项目。另外，鼓励学生参加各种科技竞赛活动，从各方面培养学生的创新能力。

9.6.2 进行创业教育，培养创新型人才

创业教育是高等教育在发展过程中的一种全新理念，是实施创新教育、培养创新型拔尖人才的重要途径。创业教育对于促进大学生创业和就业、创新型人才培养、经济发展方式转变都有着十分重要的意义。通过创业教育，可以培养学生的开创精神和创业能力。

美国高校目前已形成了一个完整的创业教育体系，各高校的创业活动已成为美国经济发展的直接驱动力。美国当代许多著名的科技公司，如英特尔、戴尔和惠普等，几乎都是由大学生创业者们利用风险投资创造出来的。

因此，创业教育对于培养创新型人才和建设创新型国家都具有重要的战略意义。高校应通过学校学生创业中心、各种学生创

业孵化基地、创业培训机构以及与企业联合等举措，有效利用社会各种创业资源，大力开展创业教育，培养适应社会发展需要的新型创新型人才。

创新型人才培养对建设创新型国家具有深远意义，如何正确培养创新型人才是当前创新型人才培养亟待解决的问题，各高校在创新型人才培养模式、培养体系等方面遇到了前所未有的挑战。创新型人才培养同时是一个系统工程，已经有众多专家、学者致力于该领域的研究与探索，并提出了一些宝贵的建议，相信通过广大教育工作者的不懈努力，在探索培养创新型人才模式、方法等方面将会取得良好成效。

在多年的教学科研工作中，笔者总结提出了"一支铅笔·一张纸·一块橡皮"的创造发明方法及创新性人才培养途径，并且多年来一直践行这一理念来进行科学研究以及指导学生，取代了良好的成效。希望广大青年学生、科技工作者投身科技创新，勇于探索，开拓进取，报效祖国。

参 考 文 献

陈其荣, 殷南根.2001.交叉学科研究与教育: 21 世纪一流大学的必然选择[J]. 研究与发展管理, 13 (3): 44-48.

陈艳江, 刘艳艳, 赵国忠, 等. 2009.基于支持向量机的中药太赫兹光谱鉴别[J]. 光谱学与光谱分析, 29 (9): 2346-2350.

戴永年, 马文会, 杨斌, 等. 2009.粗硅精炼制多晶硅[J]. 世界有色金属, (12): 29-35.

段倩倩, 侯光明. 2012.国内外创新方法研究综述[J].科技进步与对策, 29 (13): 158-160.

方邦江, 陈浩, 郭全, 等. 2010.中药超微粉的优势及应用前景[J]. 中国中医药现代远程教育, 8 (18): 208-209.

冯一潇. 2002.诺贝尔奖为何青睐交叉学科[N]. 科学时报, 02-02 (3).

甘国菊, 廖朝林, 林先明, 等. 2012.八角莲人工栽培技术[J]. 现代农业科技, (5): 170-171.

高歌, 包海鹰, 图力古尔. 2013. 纳米级灵芝子实体粉末和破壁灵芝孢子粉体外抗肿瘤活性研究[J]. 菌物学报, 32 (1): 114-127.

高萍, 张向荣, 徐晖, 等. 2004.纳米颗粒的修饰及其在医药领域的应用[J]. 中国药剂学杂志, 2 (6): 147-155.

韩丽, 张定堃, 林俊芝, 等. 2013.适宜中药特性的粉体改性技术方法研究[J]. 中草药, 44 (23): 3253-3259.

何明霞，郭帅. 2012.太赫兹波技术在药学上的应用研究[J]. 电子测量与仪器学报，26 (8): 663-670.

胡云霞，原续波，张晓金，等. 2004.聚乳酸载药纳米微粒的表面修饰及体外评价[J]. 中国生物医学工程学报，23 (1): 30-36.

李冰. 2002.开设"创造发明与创新思维"课初探[J].中国高等教育，(11): 41-42.

李隆云. 2012.中药材规范化种植与 GAP 认证进展[J]. 重庆中草药研究，(1): 43-54.

李小霞，邓琥，廖和涛，等. 2013.室温下中药附子的太赫兹波谱分析[J]. 激光与红外，43 (11): 1282-1285.

刘彩兵，盛勇，涂铭旌. 2004.三七的超细化及纳米化研究[J]. 食品科技，(11): 21-24.

刘兴豪，施奇武，张建，等. 2009.太赫兹时域光谱技术及其在中药中的应用[J]. 中草药，40 (9): 1508，附 3.

刘耀斌. 2011.六盘山地道中药材秦艽人工栽培技术[J]. 宁夏农林科技，50 (7): 66-70.

陆晖，滕建北，吴怀恩. 2003.国产血竭研究概况[J]. 中药材，26 (6): 459-461.

罗涵. 1985.钱学森 钱三强 钱伟长谈发展交叉科学[J]. 管理现代化，(03): 3-5.

马廷齐. 2011. 交叉学科建设与拔尖创新人才培养[J]. 高等教育研究，32 (6): 73-77.

邱德有，李如玉，韩一凡. 1996.紫杉醇提取分离方法的研究进展[J]. 中国药学杂志，(11): 6-8.

石焱，罗佳波，袭荣刚，等. 2007.纳米技术在中药制剂中的应用[J]. 药学实践杂志，25 (2): 65-67.

苏泽春，杨丽云，徐中志，等. 2011.灰色关联度在金铁锁 (Psammosilene tunicoides) 引种过程中的应用[J]. 西南农业学报，24 (4): 1396-1399.

涂铭旌. 2010.《孙子兵法》与科技竞争谋略[J]. 科学中国人，(4): 30-33.

涂铭旌. 2007.材料创造发明学[M].第一版. 成都：四川大学出版社.

涂铭旌，杜生民.2009.科技竞争谋略 36 法[M].第一版. 成都：四川大学出版社.

涂铭旌，刘定祥. 2011.从美学的角度看科学与艺术[J]. 科学中国人，(13): 32-35.

涂铭旌，孟江平，唐英，等. 2014.中药材的交叉学科研究[J]. 中草药，45 (22): 3213-3218.

涂铭旌，唐英，孟江平. 2012.创造发明的思路与方法[J]. 西南科技大学学报，27 (2):1-4.

涂铭旌，唐英，王召东. 2014.从"点石成金"到现代点金术（二）[J]. 重庆文理学院学报，33 (2): 1-3.

涂铭旌，唐英，王召东. 2013.从"点石成金"到现代点金术（一）[J]. 重庆文理学院学报，32 (5): 1-3.

涂铭旌，唐英，张进，等.2012.创新型人才培养的思路、方法及路径（一）[J]. 西华大学学报（自然科学版），31 (4): 1-4.

涂铭旌，唐英，张进，等.2012.创新型人才培养的思路、方法及路径（二）[J]. 西华大学学报（自然科学版），31 (6): 1-3.

涂铭旌，徐迪，唐英，等. 2013.“少人区”、“无人区”科技谋略[J]. 重庆高
    教研究，1 (3): 32-35.

涂铭旌，徐迪，张进，等. 2014.科技创新思维三角形[J]. 科学中国人，(2):
    38-41.

王杰，张强，易翔，等. 2000.表面修饰对环孢菌素 A 聚乳酸纳米颗粒体外细
    胞摄取和体内组织分布的影响[J]. 北京医科大学学报，32 (3): 235-238.

维纳 N. 1985.控制论[M].第一版. 郝季仁译. 北京：科学出版社.

魏华. 2010.太赫兹探测技术发展与展望[J]. 红外技术，32 (4): 231-234.

魏巍，冯莉. 2013.中医药领域跨学科研究回顾及体制化建设展望[J]. 中国医
    药科学，3(1): 96-97.

吴芸，严国俊，蔡宝昌. 2011.纳米技术在中药领域的研究进展[J]. 中草药，
    42 (2): 403-408.

姚建铨. 2010.太赫兹技术及其应用[J]. 重庆邮电大学学报（自然科学版），22
    (6): 703-707.

曾纪荣，马超. 2011.浅谈中药材 GAP 的进展[J]. 中国现代药物应用，5 (24):
    128-129.

张建，黄婉霞，罗轶，等. 2010.莪术的太赫兹时域光谱研究[A] // 第七届中
    国功能材料及其应用学术会[C]. 长沙：中国仪表功能材料学会.

张平. 2008.中草药的太赫兹光谱鉴别[D]. 北京：首都师范大学.

张秀云. 2012.中药纳米化研究进展[J]. 山东中医杂志，31 (8): 613-615.

张雁翎，张涛. 2014.口服掩味释药系统研发进展[J]. 中国新药杂志，23 (11):
    1279-1284.

赵凯，周东坡. 2004.抗癌药物紫杉醇的提取与分离纯化技术[J]. 生物通信技术，(3): 309-312

周跃华. 2012. 关于《国家重点保护野生药材物种名录》修订之探讨[J]. 中国现代中药，14(9): 1-12.

朱丹，罗俊龙，朱海雪，等. 2011.科学发明创造思维过程中的原型启发效应[J]. 西南大学学报（社会科学版），37 (5): 144-149.

朱慧芬，杨道锋，王敏，等. 2007.同粒径纳米血竭和普通血竭对肿瘤细胞的体外效应[J]. 医药导报，26 (7): 744-747.

Zhao X L，Li J S. 2010 .Terahertz spectroscopic investigation of Chinese herbal medicine [A] //3rd International Photonics & Opto Electronics Meetings (POEM) [C]. Wuhan: IOP Science.